NOUVELLE ENCYCLOPÉDIE PRATIQUE

BATIMENT ET DE L'HABITATION

RÉDIGÉE PAR

René CHAMPLY

avec le concours d'Architectes et d'Ingénieurs spécialistes

PREMIER VOLUME

Arpentage, Nivellement
Terrassements
Sondages, Fondations

AVEC 101 FIGURES DANS LE TEXTE

PARIS

LIBRAIRIE GÉNÉRALE SCIENTIFIQUE ET INDUSTRIELLE

H. DESFORGES

29, QUAI DES GRANDS-AUGUSTINS, 29

Arpentage, Nivellement, Terrassements
Sondages, Fondations

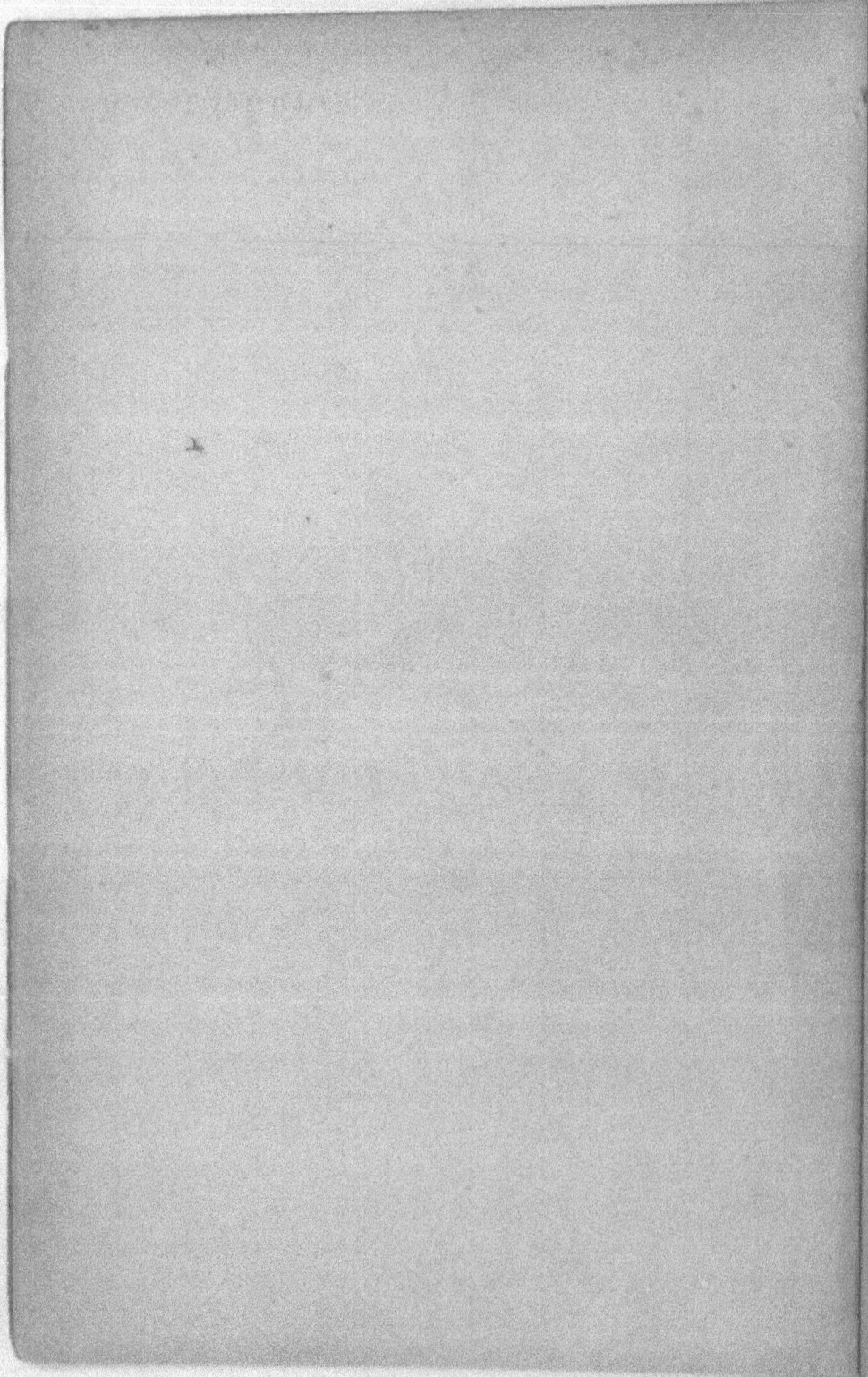

NOUVELLE ENCYCLOPÉDIE PRATIQUE

DU BATIMENT ET DE L'HABITATION

RÉDIGÉE PAR

René CHAMPLY

avec le concours d'Architectes et d'Ingénieurs spécialistes

PREMIER VOLUME

Arpentage, Nivellement
Terrassements
Sondages, Fondations

AVEC 101 FIGURES DANS LE TEXTE

PARIS

LIBRAIRIE GÉNÉRALE SCIENTIFIQUE ET INDUSTRIELLE

H. DESFORGES

29, QUAI DES GRANDS-AUGUSTINS, 29

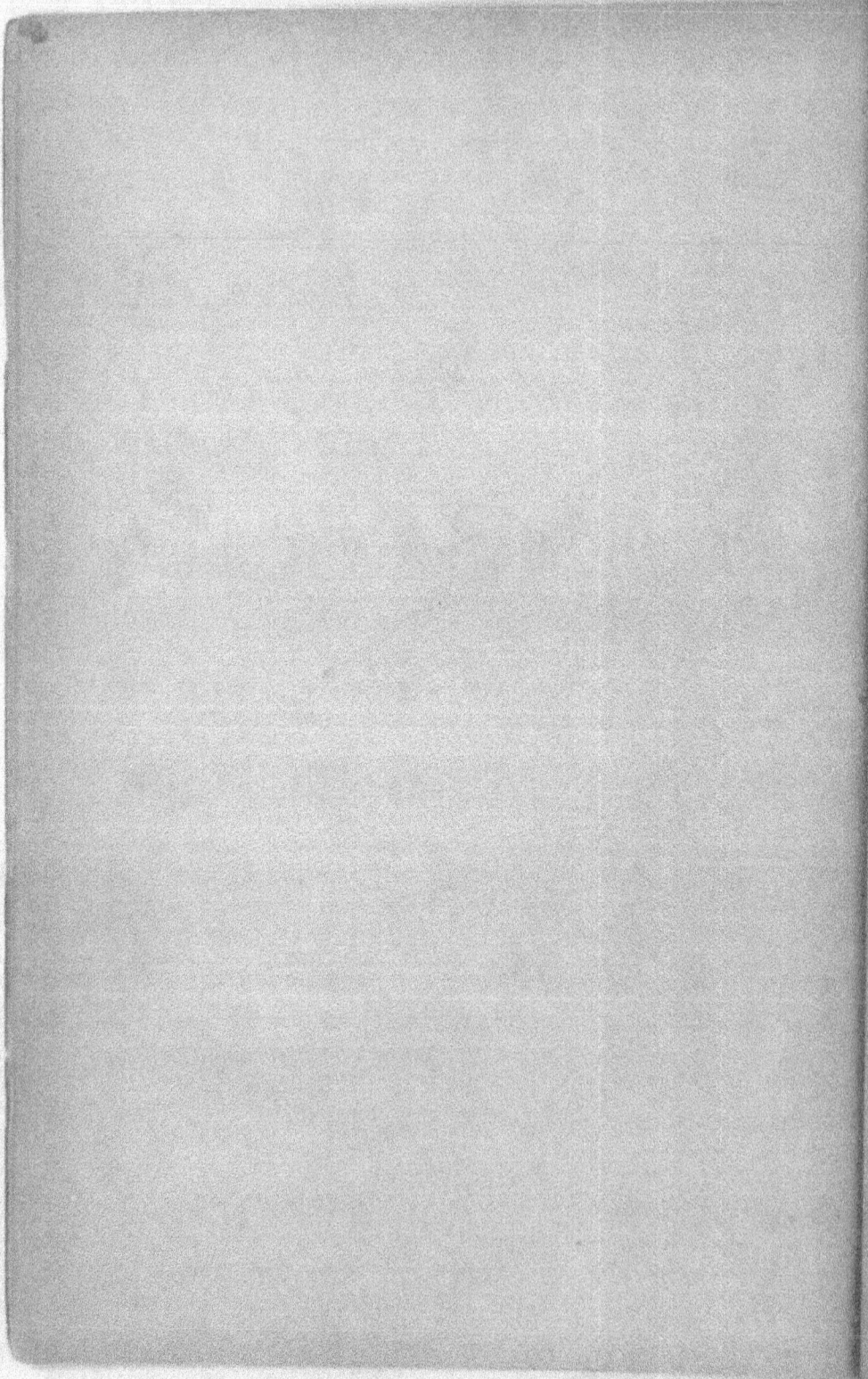

PRÉFACE

Il existe déjà de nombreux ouvrages traitant des diverses connaissances que doivent posséder celui qui veut faire bâtir et ceux qui font les travaux de construction des maisons. Certains de ces livres sont trop techniques pour être compris par les personnes n'ayant pas une instruction professionnelle spéciale ; d'autres, conçus d'une façon très pratique, mais écrits il y a déjà longtemps, ne sont pas à jour des progrès réalisés dans le mode de construction des bâtiments.

Nous nous proposons, dans cette *Nouvelle Encyclopédie du Bâtiment*, de réunir toutes les données pratiques consacrées par l'expérience en laissant de côté les considérations trop théoriques pour être comprises par tout le monde ; nous ferons une large part aux méthodes modernes et à l'emploi des machines dans les

divers travaux de terrassement et de construction.

Les quinze petits volumes de ce travail s'adres-
sent surtout aux architectes, aux entrepreneurs,
aux maçons et aussi aux propriétaires qui y
trouveront des renseignements succincts, précis
et pratiques, applicables immédiatement dans
la construction des maisons telles qu'on doit les
concevoir de nos jours.

René CHAMPLY.

Nouvelle Encyclopédie Pratique
DU BATIMENT ET DE L'HABITATION

CHAPITRE PREMIER

ÉTUDES PRÉLIMINAIRES

Avant de songer à donner le premier coup de pioche, il est nécessaire de faire une étude approfondie des conditions du terrain sur lequel on veut construire ainsi que des voisinages : si vous possédez le terrain, il s'agit d'en tirer le meilleur parti possible ; si vous devez acheter un terrain pour y bâtir, il faut le choisir aussi apte que possible à la construction qui doit y être édifiée.

Choix d'un terrain à bâtir. — Les qualités que doit réaliser un terrain à bâtir sont diverses et souvent contradictoires : par exemple, un terrain permettra une orientation agréable des bâtiments d'habitation, mais il entraînera des frais importants de fondations ou bien il sera affecté d'un voisinage désagréable. Il faudra donc, quelquefois, peser le pour et le contre et se résigner à sacrifier quelque agrément pour en posséder un autre. Nous allons exposer les qualités d'un terrain à bâtir idéal : il faudra que le terrain que vous choisirez en possède le plus grand nombre possible.

1º *Orientation*. — La meilleure exposition pour la façade principale d'une maison d'habitation est le *sud-est* ; l'exposition en plein nord donne des locaux froids et souvent humides ; celle à l'ouest, et surtout au sud-ouest, inflige des températures excessives pendant l'été ; dans certaines régions voisines de la Manche et de l'Atlantique, les vents et les pluies viennent toujours de l'ouest et doivent faire redouter une façade principale ainsi exposée. Choisissez donc autant que possible le terrain en pente douce vers le sud-est ou le sud avec la façade principale dans ces deux orientations ; ceci est surtout applicable à la France et à la Belgique.

Il faut tenir compte des conditions climatériques locales, de la direction générale des vents et des pluies, de l'abri qu'offrent les montagnes contre les vents froids du nord et de la température moyenne du pays, toutes choses qui peuvent amener à considérer comme acceptable une autre exposition des bâtiments.

2º *Salubrité*. — Certains terrains sont insalubres : tels sont les endroits marécageux, vaseux, les tourbières, le voisinage immédiat de certains étangs ou cours d'eau sujets à des crues ou inondations.

Voyez si ces terrains sont améliorables par des drainages convenables et pas trop coûteux ; généralement, il faut éviter même le voisinage de ces terrains humides et forcément malsains.

3º *Vue*. — La vue étendue est un des principaux agréments d'une habitation ; l'orientation de la façade devra donc être faite autant que possible pour offrir un vaste et joli spectacle aux yeux des habitants.

4º *Voisinages incommodes*. — Le voisinage des
usines crée non seulement la laideur du paysage, mais
souvent aussi des odeurs ou des bruits désagréables ;
la proximité des cours de fermes, des abattoirs, des
boucheries et charcuteries expose à des odeurs nau-
séabondes qu'il faut éviter soigneusement. Tournez
en ce cas la façade de votre maison à l'opposé de ces
exploitations commerciales du côté desquelles vous
mettrez les communs et les cours.

5º *Arbres*. — Si vous construisez à la campagne,
faites en sorte de choisir un terrain où il y a déjà des
arbres que vous pourrez conserver pour l'agrément
de votre jardin ou parc : les jeunes arbres que vous
planterez ne donneront de l'ombre et des fruits qu'à
vos enfants et à vos neveux !

6º *Eau*. — L'eau fait la vie d'une maison de campagne ; un terrain sans eau est aride et infertile. Si
vous ne pouvez avoir l'agrément d'une petite rivière
ou d'une source jaillissant naturellement du sol,
renseignez-vous sur la profondeur à laquelle on rencontre l'eau dans les puits du voisinage et si cette eau
est saine et abondante toute l'année. Si l'eau est
abondante et qu'il y ait des sources, veillez à ce que
leur écoulement ne crée pas de marécages ou une
humidité excessive.

7º *Nivellement*. — Certains terrains nécessitent des
frais considérables de nivellement avant la construction. Si ces nivellements doivent être faits dans des
roches dures, ils peuvent augmenter de beaucoup le
prix des bâtiments. Appréciez, en ce cas, le cube des
matériaux à arracher et à déplacer et établissez un
devis des dépenses à prévoir de ce chef.

8° *Fondations*. — Renseignez-vous sur la qualité du sous-sol en vue de l'évaluation des dépenses à faire pour les fondations. Nous dirons plus loin comment on procède pour sonder un terrain, mais il est le plus souvent facile d'avoir des renseignements à cet égard par les personnes qui ont fait bâtir dans la contrée. Dans certains terrains il faut dépenser presque autant pour les fondations que pour la partie des maçonneries hors du sol, ceci est à considérer sérieusement quand on achète le terrain et à mettre en regard de son prix.

9° *Servitudes*. — Certains terrains sont grevés de servitudes de passage, de halage, d'écoulement d'eaux, etc. Ces servitudes sont mentionnées dans les titres de propriété du vendeur, mais il peut en exister de nouvelles qui se sont créées par l'usage, de même que d'anciennes servitudes ont pu disparaître. Le notaire, l'architecte et l'enquête locale vous renseigneront à cet égard. (Code civil, 637 à 652 et 686 à 710.)

10° *Mitoyennetés*. — Si le terrain est bordé de constructions appartenant aux voisins, examinez vos droits à la mitoyenneté des murs des bâtisses ou des clôtures. Le Code civil, articles 653 à 673, est à consulter, ainsi qu'il faut s'enquérir des coutumes locales, de même que des droits acquis à cette mitoyenneté par les précédents propriétaires. Voir aussi les conditions dans lesquelles la mitoyenneté peut être acquise si elle ne l'est déjà.

11° *Distance et vue sur les voisins*. — Voyez les articles 674 et suivants du Code civil et examinez les droits que peuvent vous créer sur les voisins des servitudes existantes.

12° *Autorisation de construire*. — À Paris et dans les villes d'une certaine importance, on ne peut construire sans l'autorisation du service de la voirie qui donne l'alignement. S'il s'agit de créer une usine ou certains établissements industriels, vous pouvez être soumis à une enquête dite de *commodo-incommodo* : en ce cas, il serait imprudent d'acheter un terrain sans être assuré que l'autorisation de construire et d'exploiter sera accordée.

13° *Alignement, hauteur permise*. — Le service municipal donne l'alignement et limite la hauteur permise pour la construction : cette hauteur est fixée par les décrets locaux ; elle varie généralement selon la largeur de la rue que bordent les façades des bâtiments à édifier. Les lois, décrets et règlements sur les alignements et hauteurs des édifices sont complexes et varient fréquemment, le mieux est de consulter un architecte du pays où l'on veut construire et de se renseigner au service municipal sur les exigences locales.

14° *Prix des matériaux*. — Les prix des matériaux de construction varient beaucoup suivant les régions et même d'un village à un autre, selon que les carrières ou usines à brique, chaux ou plâtre sont plus ou moins éloignées du terrain à bâtir. De là peuvent venir des surprises sur le coût final d'une construction. Le prix des matériaux à employer et le coût de leur transport à pied d'œuvre sont donc à considérer quand on achète un terrain.

15° *Plus-values possibles*. — Le voisinage d'une gare de chemin de fer ou d'une route peut faire prévoir une plus-value dans la valeur d'un terrain, et ce dans un avenir plus ou moins éloigné. Le vendeur ne manque pas de faire ressortir cette probabilité pour augmenter ses prétentions : il ne faut en tenir compte que si l'extension du village ou de la ville se poursuit du côté où se trouve le terrain.

Certains terrains acquièrent des plus-values considérables par la création de lignes de chemin de fer ; il y a de ce chef des renseignements à prendre et à considérer dans l'achat d'une propriété. Même observation pour les percements de rues et expropriations dans les villes.

Tels sont en résumé les points sur lesquels doit porter principalement l'examen d'un terrain à bâtir.

CHAPITRE II

ARPENTAGE

La première opération à effectuer consiste à dresser un plan exact et coté du terrain ; c'est sur ce plan que l'on fera ensuite le dessin des constructions dans tous leurs détails ; ce plan sera annexé à l'acte d'acquisition du terrain, ce qui a une grande utilité. Souvent le plan du terrain a déjà été fait par autrui : il est bon d'en vérifier l'exactitude.

Il existe un grand nombre de méthodes pour lever le plan d'un terrain, nous ne parlerons ici que des plus simples qui sont à la portée de toute personne ayant l'instruction primaire.

1° *Levé d'un plan au mètre*. — Les instruments nécessaires sont : 1° une chaine d'arpenteur ou simplement un décamètre ; 2° des piquets en fer gros comme le petit doigt et longs d'un demi-mètre; 3° des *jalons* en bois gros comme un manche à balai et longs d'un à deux mètres ; on refend la partie supérieure de ces jalons pour y fixer une carte de visite ou bien un carré de fort papier blanc, ce qui permet de les apercevoir de loin.

Le principe de l'arpentage consiste à décomposer

le terrain en un certain nombre de triangles dont on mesure successivement les trois côtés : s'il y a des lignes courbes, on les décompose en petites parties

Fig. 1. — Décamètre à ruban de toile ou d'acier.

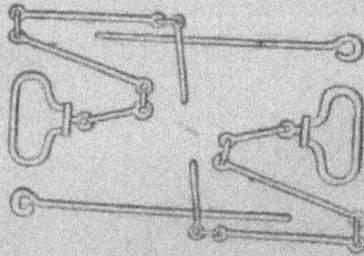

Fig. 2. — Chaîne d'arpenteur   Fig. 3. — Chaîne d'arpenteur
en tige d'acier.   de 10 à 20 mètres en ruban d'acier.

Fig. 4. — Jalon en bois à pointe en fer.

droites qui forment autant de triangles que l'on peut alors mesurer.

Supposons un terrain formé de lignes droites et courbes. Commencez par placer un jalon à tous les points sommets des lignes droites OP, PA, AB, BC, mesurez ces lignes droites avec la chaîne d'arpenteur ou le décamètre et inscrivez ces mesures sur un croquis tracé à vue d'œil sur une feuille de papier. Placez ensuite les jalons x, y, z, dans les lignes OC, PC et AC, puis mesurez ces lignes. Pour mesurer la partie bordée par une ligne courbe, placez un piquet V et mesurez

tous les côtés des petits triangles obtenus en joignant
les jalons V et X aux jalons plantés sur la ligne courbe
OC et qui la décomposent en 10 petites parties que
l'on peut considérer comme droites.

Lorsque vous aurez marqué sur votre croquis toutes

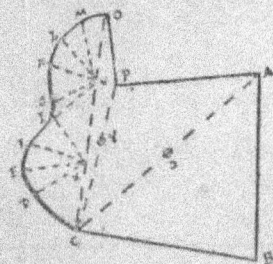

Fig. 5.

ces longueurs exactement mesurées, vous pourrez
dresser un plan *exact* et à une échelle quelconque
(un centimètre ou un demi-centimètre par mètre, par
exemple) du terrain que vous avez mesuré.

Pour en obtenir la surface, il faut calculer sépa-
rément la surface de chacun des petits triangles dont
vous connaissez les trois côtés.

La formule à appliquer est :

$$S = \sqrt{p\,(p-a)\,(p-b)\,(p-c)}$$

dans laquelle p est le demi-périmètre du triangle considéré, c'est-à-dire la somme de ses trois côtés divisée
par 2 ; a, b, c, sont les trois côtés.

Exemple : soit à calculer la surface du triangle ABC
pour lequel nous avons trouvé

$$
\begin{aligned}
AB &= 42 \text{ mètres} \\
BC &= 36 \text{ mètres} \\
AC &= 58 \text{ mètres}
\end{aligned}
$$

nous aurons :

$$p = \frac{42 + 36 + 58}{2} = \frac{126}{2} = 63 \text{ mètres}$$

$$p - a = 63 - 42 = 21$$
$$p - b = 63 - 36 = 27$$
$$p - c = 63 - 58 = 5$$

d'où

$$\text{Surface} = \sqrt{63 \times 21 \times 27 \times 5} = \sqrt{178605} = 422 \text{ mq. } 60$$

Il suffira de calculer ainsi la surface de chaque triangle formé sur le plan et d'additionner les surfaces partielles pour avoir la surface totale du terrain.

2° *Levé d'un plan au mètre par rayonnement.* — Les instruments nécessaires sont les piquets ou jalons et la chaine ou décamètre. On décompose le terrain en triangles en partant d'un point pris vers le centre

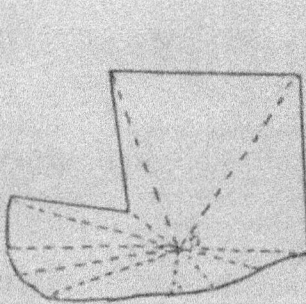 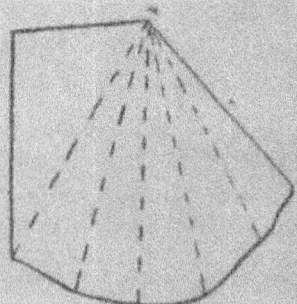

Fig. 6.   Fig. 7.

du terrain et duquel point on puisse apercevoir tous les points du pourtour du terrain. Joignez ce point O par des lignes droites à tous les jalons du pourtour et mesurez les côtés des triangles ainsi formés ; calculez ensuite la surface de chaque petit triangle et faites la somme comme ci-dessus.

Si le terrain est d'une forme simple et ne présente pas de parties courbes ni d'angles rentrants, il suffit, pour le décomposer en triangles, de joindre un de ses sommets à tous les autres points de jalonnement, comme le montre la figure 7.

Nota. — Quand vous tracerez sur le papier le plan du terrain à l'échelle choisie, vous devrez obtenir un polygone qui se *ferme* naturellement, c'est-à-dire dont les deux extrémités se rejoignent sur le papier : ceci est une vérification de la justesse de vos mesures sur le terrain.

3º *Levé au mètre d'un terrain dont le milieu est inaccessible.* — Supposons un terrain dont la partie centrale est occupée par un bois ou un étang, nous pou-

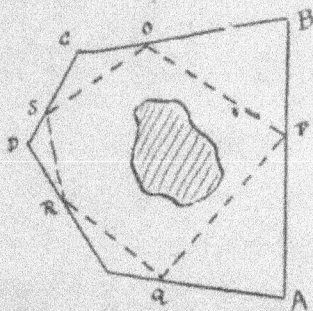

Fig. 8.

vons cependant en lever le plan avec la chaîne d'arpenteur seule. Pour cela, mesurons la longueur de tous les côtés, puis prenons sur les côtés des points O, P, Q, R, que nous pouvons joindre aux sommets ou entre eux ; en mesurant les longueurs OB, OP, BP, QA, AR, RQ, etc., nous pourrons dresser sur le papier un plan exact du terrain à une échelle donnée ; c'est sur ce plan que nous mesurerons les lignes qui nous manquent pour faire le calcul de la surface du terrain non accessible.

Pour que ce calcul soit exact, il est nécessaire que toutes les mesures et aussi le plan sur le papier soient faits avec grand soin, car ce procédé n'est pas aussi rigoureux que les précédents. Comme vérification, le polygone doit se fermer seul.

4° *Levé au mètre d'un angle dont le sommet est inaccessible.* — Supposons que le point A soit visible, mais inaccessible : mesurons deux lignes PB et CO

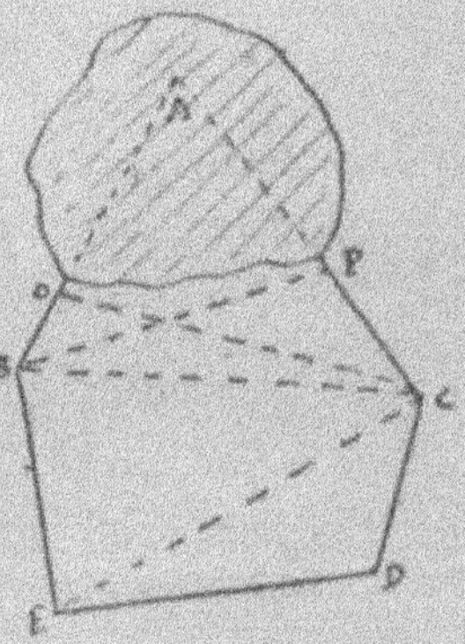

Fig. 9.

ainsi que les distances BO et PC, nous pourrons ainsi tracer sur le plan les lignes BA et CA dans leurs directions exactes et leur point de rencontre donnera le point A sur le plan.

5° *Levé au mètre d'un espace entièrement inaccessible mais dont les alentours sont accessibles.* — C'est le cas d'un bois ou d'un étang. Entourez le terrain inaccessible d'un triangle formé par trois jalons A, B, C. Décomposez l'espace accessible en petits triangles dont vous mesurez les côtés, ce qui vous permettra de dresser le plan et de calculer la surface de l'espace non accessible : cette surface est, en effet, la différence entre la surface du grand triangle ABC et la somme

des surfaces des petits triangles intérieurs. Le triangle
ABC peut être remplacé par un polygone quelconque,
appelé polygone topographique.

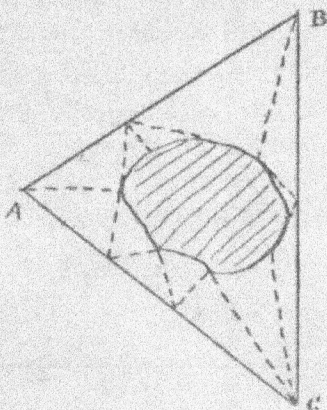

Fig. 10.

6° *Emploi de l'équerre d'arpenteur.* — Jusqu'à présent, nous n'avons utilisé dans le levé des plans que les
propriétés du triangle dont on connaît les trois côtés ;
l'équerre d'arpenteur permet de tracer sur le terrain
des perpendiculaires et de décomposer la surface à

Fig. 11. — Divers modèles d'équerre d'arpenteur.

mesurer en rectangles ou trapèzes à deux angles
droits, ou encore en triangles rectangles : ceci permet
de diminuer le nombre des lignes à mesurer et de
simplifier les calculs à faire ultérieurement.

L'équerre d'arpenteur est une boîte en cuivre de
forme cylindrique ou octogonale fendue de huit

fenêtres longues appelées *pinnules* au travers desquelles se font les *visées* à 90 ou à 45 degrés. L'équerre
d'arpenteur se pose sur un piquet spécial ou bien sur
un pied à trois branches à l'aplomb du point d'où l'on
veut faire la visée : un aide placé au loin, pose un
jalon, par tâtonnement et selon les signes que lui fait
l'opérateur, de façon que ce jalon soit bien dans le
prolongement de la ligne de visée. L'équerre étant
installée en A, l'opérateur peut donc tracer autour de
ce point une série de lignes perpendiculaires ou à
45° entre elles.

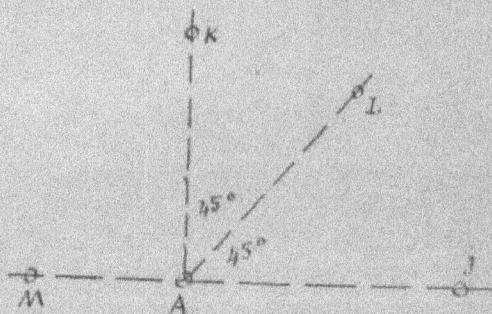

Fig. 12.

7° *Levé à l'équerre d'un terrain accessible.* — Le
procédé consiste à décomposer le terrain en un certain

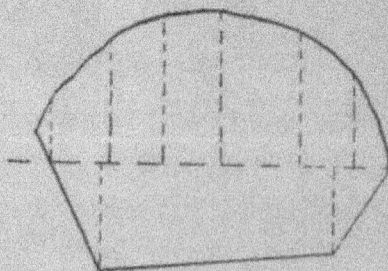

Fig. 13.

nombre de trapèzes rectangles, triangles rectangles,
carrés ou rectangles obtenus par une série de visées

à l'équerre en des points convenablement choisis sur le terrain. On mesure les côtés de ces figures dont les surfaces s'obtiennent par des calculs simples et rapides, que nous rappelons ci-après :

$$\text{Surface du carré} = a \times a$$

$$\text{Surface du rectangle} = a \times b$$

$$\text{Surface du trapèze rectangle} = \frac{a+b}{2} \times h$$

$$\text{Surface du triangle rectangle} = \frac{a \times b}{2}$$

8° *Levé à l'équerre par abcisses et ordonnées.* — On jalonne une base quelconque Ay ; l'opérateur se

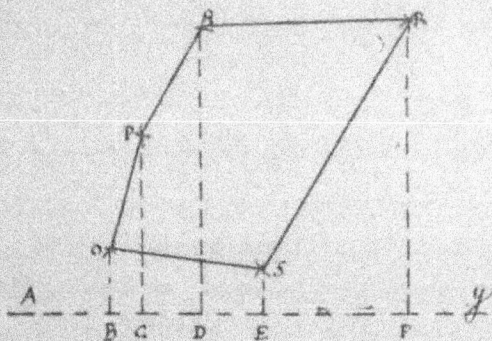

Fig. 14.

transporte avec l'équerre le long de cette base et détermine les points B, C, D, E, F, par lesquels on peut élever des perpendiculaires passant par les sommets du polygone à mesurer. On mesure ensuite les longueurs BC, CD, DE, EF et, pour vérification, la longueur BF ; puis on mesure les perpendiculaires BO, CP, DQ, ES, FR. On a ainsi les éléments nécessaires au tracé du plan du terrain et au calcul de sa surface : celle-ci est, en effet, égale à la somme des surfaces des trapèzes rectangles BOPC + CPQD + DQRF diminuée de la somme des trapèzes rectangles BOSE + ESRF.

8º *Levé à l'équerre par intersections.* D'un point convenablement situé A d'où l'on aperçoit tous les sommets du polygone à mesurer, on trace deux perpendiculaires que l'on fait jalonner, Ax et Ay, puis on transporte l'équerre le long de ces lignes pour

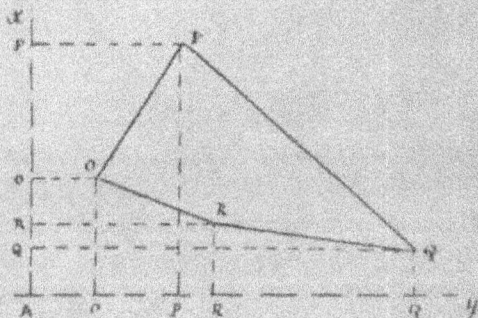

Fig. 15.

déterminer le pied des perpendiculaires à Ax et Ay passant par les sommets du polygone OPQR. Mesurer ensuite les distances de A aux points ainsi trouvés sur Ax et Ay ; on obtient ainsi tous les éléments nécessaires au tracé du plan et au calcul de la surface, comme il est dit ci-dessus, les sommets du polygone à mesurer étant déterminés par les intersections des perpendiculaires *respectivement correspondantes entre elles.*

Lorsqu'on emploie cette méthode, il faut avoir soin de noter les perpendiculaires horizontales et verticales d'une lettre de repère correspondante au point visé, afin de retrouver ensuite facilement les lignes qui doivent déterminer ce point par leur intersection et de ne pas faire d'erreur dans le classement des nom-

breuses parallèles ainsi déterminées. La surface est ici
égale à la somme de APPP + QPPQ diminuée de
PPOO + AOOQ + OORR + QRRQ, surfaces dont
on connaît la mesure exacte.

9° *Levé des plans au graphomètre.* — Le *graphomètre*
se compose d'un demi-cercle gradué en 180 degrés
sur lequel peut tourner une *alidade* munie de deux
talons verticaux à *pinnules* de visée. Le diamètre du

Fig. 16. — Graphomètre.

demi-cercle porte aussi deux talons à pinnules. Posé
sur un pied à trois branches, le graphomètre permet
de mesurer les angles et d'appliquer les calculs trigonométriques au levé des plans et au calcul des surfaces.

Pour lever un plan au moyen du graphomètre, on
procède par *cheminement*, en mesurant successivement avec la chaîne d'arpenteur tous les côtés du
polygone et en mesurant en même temps les angles
que font entre eux ces côtés : ceci se fait très exactement au moyen du graphomètre dont le diamètre
est mis dans la direction de l'un des côtés de l'angle
et l'alidade dans la direction de l'autre côté : la mesure de l'angle se lit sur le *limbe* gradué en degrés.
On opère par rayonnement ou par intersections pour
la détermination des points *inaccessibles*.

Pour cela, on jalonne une ligne AB dans l'intérieur

ou à l'extérieur du terrain et on installe le graphomètre d'abord au point A, puis au point B. De chacun

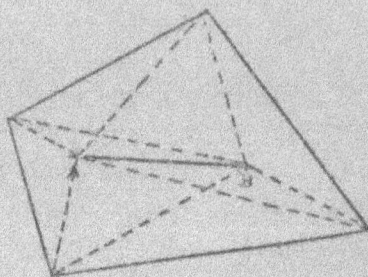

Fig. 17.

de ces points on vise chacun des sommets du polygone à relever et on note les angles de ces directions avec AB. Par un plan tracé exactement au rapporteur ou par une série de calculs trigonométriques, on

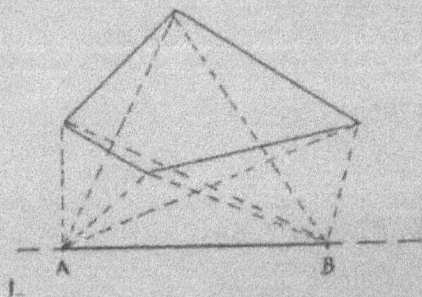

Fig. 18.

détermine facilement tous les points du sommet du polygone, qui se trouvent à l'intersection des lignes de visée relevées par le graphomètre.

10º *Levé des plans à la planchette*. — La planchette à dessiner est fixée, par une monture à genouillère, sur un pied à trois branches installé successivement à tous les sommets des angles du polygone. Une *alidade* munie de deux *pinnules* de visée, se pose sur

la planchette et permet de tracer les côtés de
l'angle : on mesure la longueur de ces côtés avec la

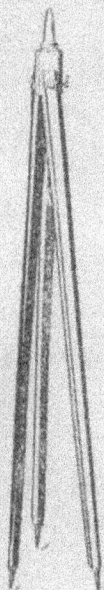

Fig. 19. — Planchette sur
monture à genouillère.

Fig. 20. — Alidade à
pinnules.

Fig. 21.— Pied pour planchettes,
niveaux, graphomètres, etc.

chaîne d'arpenteur et on reporte cette longueur, en la
réduisant à l'échelle adoptée, sur le papier fixé sur la
planchette.

Le levé à la planchette est expéditif, mais n'offre
pas une très grande exactitude : supposons qu'il
s'agisse de lever avec la planchette l'angle MON.
Tracez sur le papier une droite *om* représentant la
direction *OM* du terrain, puis fixez au point *o* une
petite aiguille très fine ; placez la planchette horizontalement, *o* étant au-dessus de *O*, puis, posez la
ligne de foi de l'alidade contre la ligne *om* sur le papier
et faites tourner la planchette jusqu'à ce que vous
aperceviez le centre du jalon M dans les fenêtres de
l'alidade. A ce moment, la planchette est *en station*.

Sans la déranger, faites tourner l'alidade autour de l'aiguille fine plantée en *o*, jusqu'à ce que le jalon

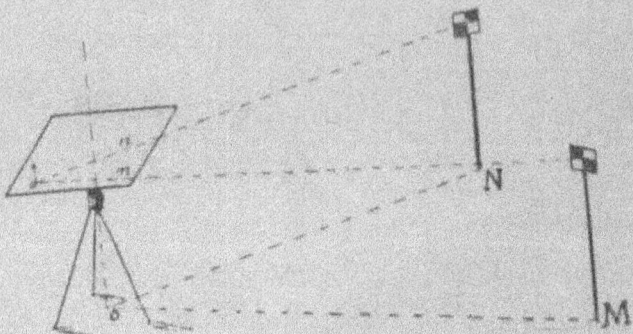

Fig. 22.

planté en *N* soit au centre des fenêtres de l'alidade : tracez alors sur le papier le côté *on* de l'angle *mon* qui est égal à *MON*. Mesurez ensuite les longueurs OM et ON sur le terrain avec la chaîne d'arpenteur et reportez-les sur le papier en les ramenant au préalable à l'échelle choisie.

On peut se servir d'une boussole pour *orienter* la

Fig. 23. — Boussole pour planchette.

planchette : la boussole étant fixée sur la planchette, il suffit d'amener l'aiguille aimantée à une division déterminée d'avance sur le cadran pour mettre rapidement la planchette en station à chaque point de visée ; cette méthode ne donne que des résultats approximatifs.

En procédant par cheminement tout autour du

polygone, par rayonnement autour d'un point convenablement choisi dans l'intérieur du terrain ou par intersections de sécantes joignant les angles du polygone, on arrive à dessiner sur la planchette le terrain réduit à l'échelle que l'on a d'abord choisie.

11° *Levé des plans à la boussole d'arpenteur.* — La boussole d'arpenteur est formée d'une boîte carrée

Fig. 24. — Boussole d'arpenteur.

en bois au centre de laquelle se meut une aiguille aimantée ; un cercle divisé en 360 degrés indique les déviations de l'aiguille par rapport à la *ligne de foi* qui est parallèle à l'un des côtés de la boîte. Sur ce côté se trouve un petit coffre allongé en bois, percé de deux trous de visée par lesquels on vise un jalon, la boussole étant installée sur un pied à trois branches et mobile autour d'un axe vertical. On lit sur le limbe l'angle que fait cette direction avec la direction Nord-Sud donnée par l'aiguille aimantée. On peut donc déterminer à chaque point de visée, les angles que font les divers alignements du plan à lever, avec la direction fixe Nord-Sud : on a ainsi le moyen de mesurer tous ces angles et de les reporter sur le papier. Ce procédé est peu recommandable à cause de son manque d'exactitude ; nous ne le mentionnons que pour mémoire.

Bibliographie : Muret, *Topographie appliquée à l'agriculture*. Thiéry, *Méthodes topographiques*. Bourgoin, *Arpentage et levé de plans*.

CHAPITRE III

NIVELLEMENT

Les opérations géométriques de nivellement ont pour but d'établir les différentes altitudes du terrain considéré, au-dessus d'un plan horizontal idéal appelé *plan de comparaison*. Ce plan est déterminé par un point de repère choisi généralement au-dessous du point le plus bas des terrains à niveler et quelquefois au-dessus du point le plus haut. Le *repère* est constitué par un piquet solidement enfoncé dans le sol, par un seuil de porte charretière, une dalle ou toute autre surface immuable à laquelle seront rapportées toutes les hauteurs mesurées ensuite. S'il s'agit d'opérer le nivellement d'une vaste étendue, on peut prendre pour *plan de comparaison* le niveau de la mer, c'est-à-dire l'altitude du lieu en partant d'un repère officiel du nivellement de la France ; ces repères se trouvent aux gares de chemins de fer, aux écluses des canaux, à certains points répartis sur toute la surface du territoire ; ils sont constitués par des plaques de fonte indiquant l'altitude au-dessus du niveau moyen de la mer.

Dans la construction des bâtiments, le nivelle-

ment géométrique du terrain a surtout pour objet
de rendre compte du cube de terre à enlever pour
obtenir une surface de niveau, c'est-à-dire horizontale à l'endroit où doivent s'élever les constructions.

1° *Nivellement au niveau et à la règle*. — Avoir une
règle rigide et parfaitement droite et un niveau
bien réglé. Le niveau de maçon est composé d'un
cadre rectangulaire d'environ 30 centimètres de

Fig. 25. — Niveaux de maçon.

longueur et 25 centimètres de hauteur, portant un
fil à plomb accroché au milieu de la traverse supérieure et un trait de repère au milieu de la traverse
inférieure ; le niveau de poseur est fait de la même
manière mais l'armature en est triangulaire.

Ces appareils primitifs sont réglés de façon que la
ficelle du fil à plomb coïncide avec le trait de repère R
lorsque les pieds du cadre reposent sur une surface
horizontale.

Le niveau à bulle d'air se compose d'une monture

Fig. 26. — Niveaux à bulle d'air.

en bois dur ou en cuivre dans laquelle est un tube
de verre légèrement bombé ; dans ce tube est en-

fermée une petite quantité de benzine, liquide très mobile qui emprisonne une bulle d'air.

Quand la monture repose sur une surface horizontale, la bulle monte au sommet de la courbure du tube de verre et vient se placer entre deux traits de repère tracés par le constructeur de l'appareil.

On s'assure que les niveaux de maçon, de poseur ou à bulle d'air sont justes, en les plaçant sur une surface plane et en notant la déviation entre le fil à plomb ou la bulle d'air et le repère d'horizontalité ; puis on retourne bout pour bout le niveau, en obser-

Fig. 27.

vant que les pieds soient bien aux emplacements primitifs, et on observe la nouvelle déviation ; si le niveau est bien réglé elle doit être exactement pareille à la déviation primitivement notée.

Pour niveler un terrain d'une petite étendue au moyen de la règle et d'un des niveaux ci-dessus, on plante une série de piquets dont toutes les têtes doivent se trouver de niveau : mesurez ensuite les hauteurs des différents piquets au-dessus du sol, ce qui vous permettra de tracer une coupe du terrain avec sa pente entre chaque piquet.

Les niveaux de maçon et à bulle d'air sont surtout utilisés pour vérifier avec la règle l'horizontalité des surfaces auxquelles les ouvriers terrassiers travaillent, pour tracer les lignes horizontales sur les

murs en construction, pour vérifier l'horizontalité
des assises, pierres, charpentes, seuils, etc.

2º *Nivellement au niveau et à la mire.* — Pour les
opérations de peu d'étendue, on obtient une grande
exactitude et une grande rapidité au moyen du
niveau d'eau à tube de caoutchouc. Cet appareil se
compose de deux fioles sans fond réunies par un

Fig. 28. — Niveau à tube de caoutchouc.

tube de caoutchouc de cinq à vingt mètres de longueur ; l'eau prend naturellement son niveau dans
les deux fioles, ce qui permet de tracer sur les jalons
ou sur les murailles des lignes horizontales avec une
précision plus grande que par tout autre moyen.
ce niveau est employé spécialement pour le tracé
des lignes de fondation des bâtiments et pour l'établissement des massifs de fondation des machines.

Quand les distances entre les divers points à niveler sont trop grandes pour que l'on puisse utiliser
les précédents appareils, on emploie le *niveau d'eau
à tube métallique ;* il se compose d'une monture
tubulaire installée à genouillère sur un pied à trois
branches et munie de deux fioles en verre. L'appareil
est à moitié rempli d'eau colorée et la ligne de visée
passant à la surface du liquide dans les deux fioles
est horizontale.

Cet appareil est fort imparfait ; il peut être influencé par la *capillarité* qui empêche le liquide de prendre son niveau normal dans les fioles, ce que

Fig. 29. — Niveau d'eau.

l'on évite en faisant osciller le niveau d'eau de façon que le liquide mouille également les parois des deux fioles. Quand on opère au soleil et sur de grandes distances, les visées sont influencées par divers phénomènes de réfraction et de réflexion de la lumière dans l'air et à la surface de l'eau des fioles, d'où nouvelles causes d'erreurs.

C'est pourquoi l'on emploie dans les nivellements où l'on désire obtenir une très grande précision, les

Fig. 30. — Niveau de Chézy.

niveaux à bulle d'air montés sur une lunette munie de réticules de visée. L'appareil est installé sur un trépied avec trois vis de calage qui permettent d'amener la lunette à se mouvoir dans un plan parfaitement horizontal : tels sont les niveaux d'*Égault*, de *Lenoir*, de *Bourdaloue*, etc.

Le nivellement se fait au moyen d'une série de

visées effectuées soit avec le niveau d'eau, soit avec la lunette à niveau à bulle d'air, sur des *mires* tenues

Fig. 31. — Niveau d'Egault à plateau divisé, permettant le nivellement et la mesure des angles.

verticalement par des aides. La *mire à voyant* est une règle carrée de 4 centimètres de côté et de 2 mètres de longueur pouvant se dédoubler par

Fig. 32. — Mire à voyant et mires parlantes.

coulissage et atteindre ainsi 4 mètres de longueur ; elle est graduée en centimètres sur toute sa longueur.

Sur cette règle se déplace, à la main de l'aide, un *voyant* ou plaque de tôle de 0 m. 20 de côté divisée en quatre carrés peints alternativement en rouge et en blanc. L'opérateur placé au niveau d'eau fait signe à l'aide en élevant ou en abaissant la main, pour indiquer qu'il faut élever ou baisser le voyant ; quand la ligne *de foi* du voyant, ou ligne horizontale passant par le centre de la plaque de tôle, est en face de la ligne de visée, l'opérateur fait un geste horizontal avec la main, l'aide arrête le voyant sur la règle et lit la hauteur au-dessus du sol.

La *mire parlante* ou *mire Bourdaloue*, se compose d'une règle plate de 0 m. 10 de largeur environ, et de 4 à 6 mètres de longueur, se repliant en deux au moyen d'une charnière. Elle est graduée en doubles centimètres par des divisions très apparentes peintes en blanc et rouge et marquée de gros chiffres indiquant les décimètres et les mètres. Ces chiffres sont peints à l'envers car la lunette retourne l'image et l'observateur voit ainsi le chiffre dans son sens normal.

La mire parlante est employée avec le niveau d'eau ordinaire mais surtout avec les lunettes d'Egault, Lenoir, etc. : l'observateur posté au niveau lit directement sur la mire parlante la hauteur au-dessus du sol.

Manière d'opérer un nivellement avec le niveau et la mire. — 1º Dans les cas les plus simples on choisit un point d'où l'on puisse apercevoir tous les points dont on désire relever les hauteurs : à chacun de ces points on enfonce au ras de terre un piquet sur lequel sera placé la mire.

De la station A on vise successivement la mire

posée à chaque point u, v, x, y, etc., et on inscrit les

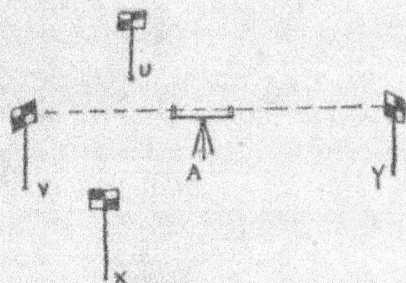

Fig. 33.

nombres obtenus sur une feuille de carnet, par exemple :

		Différences
	u 0,34	
Station A		— 0,41
	v 0,75	
—		— 1,35
	x 2,10	
—		+ 0,97
	y 1,13	
—		+ 0,79
	u 0,34	

Ceci indique que le terrain descend de u à v et de v à x et qu'il monte de x à y et de y à u ; la somme des différences négatives doit être égale à la somme des différences positives. Si le plan de comparaison a été choisi par exemple à 40 mètres au-dessous du point A et que la ligne de visée soit à 1 m. 60 au-dessus du repère A, on obtiendra ainsi la cote de chaque point visé au-dessus du plan de comparaison :

A =	40 mètres
$u = 41,60 - 0,34$	41 m. 26
$v = 41,60 - 0,75$	40 m. 85
$x = 41,60 - 2,10$	39 m. 50
$y = 41,60 - 1,13$	40 m. 47

2° Lorsque la configuration du terrain ne permet pas d'apercevoir du point de repère tous les endroits à mesurer, on procède par une succession de *coups de niveau* en arrière et en avant en transportant le niveau à différentes *stations* tout autour du champ d'opérations et en revenant finalement au point de départ.

Le carnet de nivellement est alors tenu de la manière suivante, en supposant par exemple le plan de comparaison à dix mètres au-dessous du repère R.

STATIONS	VISÉES	COTES de la mire		DIFFÉRENCES		COTES au-dessus du plan de comparaison
		Arrière	Avant	+	—	
1	R A	0 40	1 50		1 10	R = 10 m. A = 8 m. 90
2	A B	0 80	0 20	0 60		B = 9 m. 50
3	B C	0 10	1 20		1 10	C = 8 m. 40
4	C D	1 »	0 30	0 70		D = 9 m. 10
		2 30 3 20		1 30 2 20		10 — 9 10
		0 90		0 90		0 90

Le carnet de nivellement comporte une vérification des opérations, les différences de niveau devant rester égales dans chaque colonne du tableau comme le montre l'exemple ci-dessus.

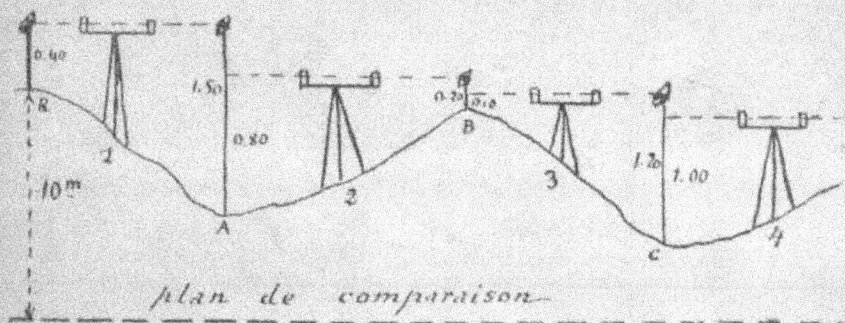

Fig. 34.

Les points dont on a déterminé *la cote d'altitude* sont marqués avec soin sur le plan général du terrain et la cote est inscrite à côté de chacun de ces points ainsi qu'à côté du point de repère initial.

CHAPITRE IV

FOUILLES POUR LES FONDATIONS
DES BATIMENTS

L'emplacement que doit occuper le bâtiment sur
le terrain est délimité par des piquets plantés à
chaque angle et réunis deux à deux par des cordeaux.
On procède alors au nettoyage de cette partie de
terrain en coupant les arbres et en arrachant les
souches, puis les terrassiers la mettent de niveau en
se rapportant au point le plus bas. Lorsque le terrain
est bien horizontal on trace définitivement l'emplacement des murs et on détermine les parties qui
doivent être fouillées pour former les caves et sous-
sols.

Ces fouilles se font par couches successives de
0 m. 30 à 0 m. 50 de profondeur ; selon la nature du
terrain et selon l'étendue de la fouille on procède de
diverses manières pour l'enlèvement des déblais. Il y
a économie à enlever le plus possible de déblai à la
brouette, au tombereau ou au wagonnet, c'est-à-dire
par chargement direct au fond de la fouille et roulage
immédiat à la décharge. A cet effet, tant que la profondeur et la longueur de la fouille ainsi que l'état
du terrain le permettent, on établit une pente qui

va du fond de la fouille jusqu'au niveau du sol ; cette pente est réservée sur une tranche du terrain qui sera piochée en dernier lieu, ou bien elle est établie sur des tréteaux avec des madriers et des plateaux de roulage. En donnant à cette pente une assez

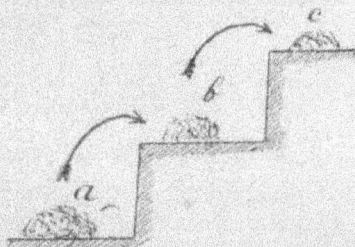

Fig. 35. — Jet à la pelle sur banquettes.

grande longueur on la rend assez douce pour qu'elle puisse être gravie par les hommes ou par les chevaux. Quand on a ainsi enlevé par roulage direct le plus possible de déblai, on retire le restant par *jet à la pelle* sur des banquettes, tertres ou gradins étagés ; enfin les dernières banquettes sont enlevées avec des seaux et au treuil ou à dos d'homme à l'échelle.

Dans le cas de fouilles profondes et importantes, il y a intérêt à établir une grue à vapeur qui retire les wagonnets remplis au fond et les met prêts à partir chargés sur les voies de la surface du sol. La grue peut encore être employée pour remonter de grands seaux ou bennes qu'elle décharge directement dans les tombereaux ou wagonnets de la surface du sol.

Dans le cas où l'extraction des déblais se fait par le moyen d'un plan incliné, il est souvent avantageux de se servir d'un câble tiré par un manège ou bien un moteur mécanique, pour haler les brouettes, wagonnets ou tombereaux, comme le montrent nos figures ci-dessous.

Si la fouille est faite en terrain solide d'argile compacte ou de terre franche et que les infiltrations

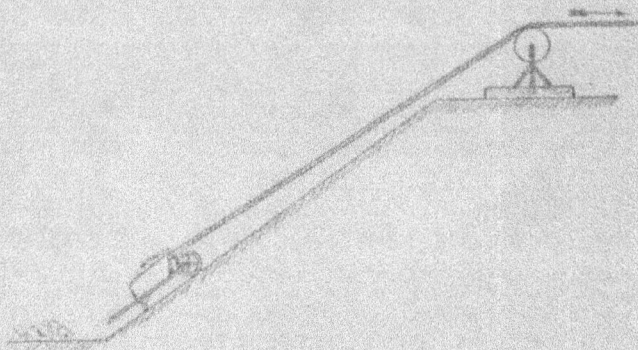

Fig. 36. — Halage de brouettes.

d'eau ne soient pas à redouter, on peut se dispenser d'étayer les talus tant que la profondeur ne dépasse

Fig. 37. — Halage de wagonnet sur plan incliné.

pas un à deux mètres, mais au-dessus de cette profondeur l'étaiement s'impose, même avec les terrains non ébouleux. Dans les terrains sablonneux, friables et aquifères, il est préférable de faire d'abord

Fig. 38. — Poulie de renvoi pour halage.

les talus inclinés ou en gradins ; on les rend verticaux quand on est prêt à monter les murs ; ils sont alors étayés au fur et à mesure du travail au moyen

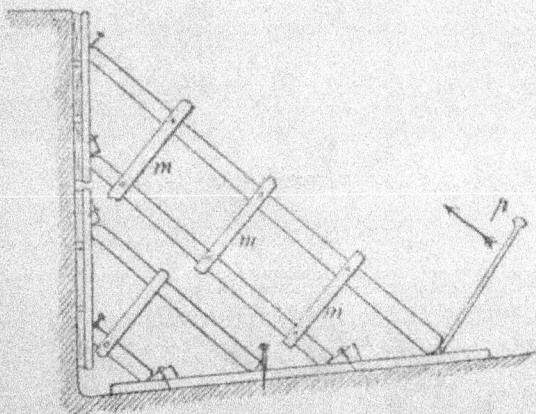

Fig. 39. — Etayage d'un talus de fouille.

de planches ou madriers et d'arcs-boutants ou étançons que l'on serre à la pince sur des semelles posées sur le sol à distance convenable et maintenues par des pieux fichés en terre. Pour plus de solidité, on réunit les étais par des *moises* ou traverses transversales.

Les parois des tranchées destinées aux fondations des murs, aux égouts, tuyauteries, etc., s'étayent avec des planches et des traverses entrecroisées et fortement arc-boutées entre les parois du trou.

Les fouilles des puits doivent avoir un diamètre

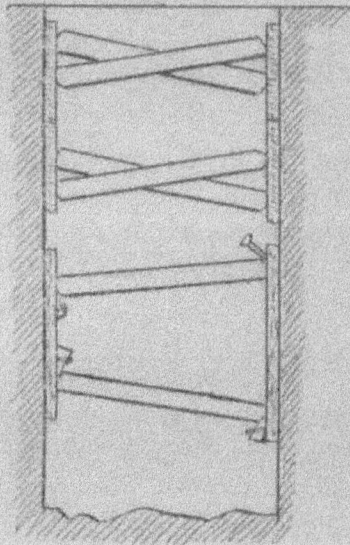

Fig. 40. — Etayage d'une tranchée.

suffisant pour que l'ouvrier puisse s'y mouvoir avec sa pelle, soit 1 m. 20 à 1 m. 50 ; au fur et à mesure que le puits se creuse il faut maintenir les terres par un *cuvelage* ou *blindage* formé d'étais en planches posées verticalement tout autour du puits et maintenues serrées contre les terres au moyen de cercles en fer que l'on pose intérieurement aux planches ; ces cercles en fer sont extensibles par l'action de coins en fer ou de vis de pression de façon à s'appliquer fortement contre les planches verticales.

A l'orifice du puits on établit un treuil qui remonte les déblais dans deux bennes ou seaux, l'un descendant à vide pendant que l'autre remonte plein.

Si, au cours d'une fouille, l'on trouve une source ou des eaux suintant du sol, il faut les détourner par

un sondage ou une tranchée qui leur permet de
s'écouler dans les couches profondes et perméables
du sol, ou, si cela est impossible, les épuiser au moyen
de seaux, écoppes ou pompes d'épuisement à bras

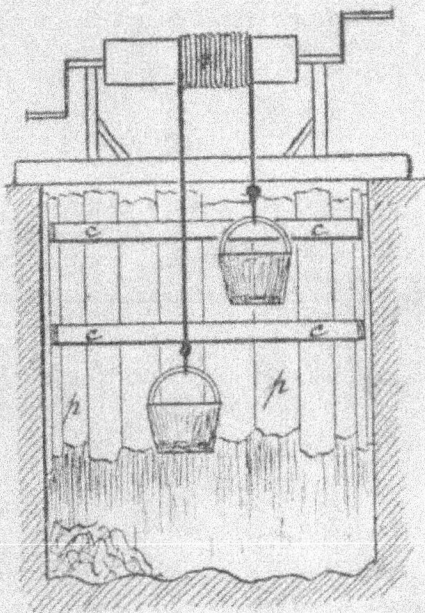

Fig. 41. — Fouille d'un puits et étayage.

ou à moteurs, à piston ou centrifuges, selon l'importance de la veine d'eau. Quelquefois l'eau ainsi rencontrée entraine avec elle des sables *boulants*, ce qui
peut provoquer l'affaissement ou l'éboulement des
couches supérieures du terrain. On devra, en ce cas
particulier, prendre des précautions spéciales d'é-
tayage.

Fouilles en sous-œuvre. — Quand on doit creuser
une galerie souterraine, en *tunnel*, ce qui arrive quelquefois pour la construction des citernes et puits
et quand on doit fouiller en sous-œuvre pour re-

Matériel pour les fouilles

Fig. 42. — Brouette de terrassier. Fig. 43. — Seaux à déblais.

Fig. 44. — Tombereau.

Fig. 45. — Treuil à engrenages. Fig. 46. — Treuil simple.

Fig. 47. — Pompe centrifuge pour épuisements.

Fig. 48. — Pompe à pistons pour épuisements.

Fig. 49. — Wagonnet à bascule.

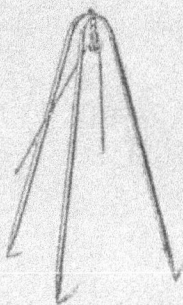

Fig. 50. — Trépied pour remonter les seaux de déblais.

Fig. 51. — Grue à vapeur.

prendre les fondations des constructions déjà établies, il faut prendre de grandes précautions pour l'étayage des terres et des maçonneries qui restent ainsi suspendues.

On établit des boisages analogues à ceux usités dans les galeries de mines et on pousse la maçonnerie au fur et à mesure de l'avancement de la fouille : c'est le meilleur moyen d'économiser de gros frais de boisage et d'éviter les éboulements. Dans les travaux de reprise en sous-œuvre des murs anciens, on procède, toutes les fois que cela est possible, par petites portions en fouillant sous le mur une longueur de un mètre au plus qui est comblée aussitôt par une reprise en maçonnerie à la chaux hydraulique ou au ciment : dès que le mortier est pris, on fait une petite fouille à la suite de la première. On évite ainsi des frais d'étayage qui nécessiteraient de grands travaux de charpente pour soutenir le mur sur une grande longueur.

Fouilles sous l'eau. Dragages. — Quand les fouilles doivent être pratiquées dans les terrains aquifères,

Fig. 52. — Dragues à la main.

vaseux, sablonneux ou recouverts d'eau, on procède par *dragage*. Les dragues sont des sortes de grandes et fortes pelles creuses armées de griffes que l'on traîne au bout d'un long manche sur le sol à draguer ;

pour les travaux dont la profondeur dépasse un mètre sous l'eau, on relie la drague à un treuil au moyen d'un câble, ce qui permet d'enlever de plus grandes masses à la fois ; enfin dans les travaux très importants on fait usage des dragues à vapeur constituées par un bateau ponton porteur de la machine motrice et d'une chaine à godets à marche continue ; ces godets râclent le fond et remontent dans des bateaux spéciaux les terres et sables dragués.

Outillage pour Entrepreneurs.

Nomenclature et prix (d'après M. Pétolat, de Dijon).

Numéros de la planche		Les 100 kil.	
1	Ebauches de pioches piémontaises de 3 kilog. et au-dessus	65	»
2	Pioches finies aciérées...............	75	»
3	— de carriers, 3 kilog. et au-dessus, aciérées	83	»
4	— finies, œil ovale, « Type du Génie »..	95	»
5	Ebauches de pioches...................	68	»
6	— battes à bourrer, fer corroyé	75	»
7	Battes à bourrer finies et aciérées	100	»
8	Pic à roc, œil ovale, « Type du Génie »......	100	»
9	Ebauches de pics à roc, œil rond, fer corroyé	67	»
10	Pics à rocs finis, œil rond, aciérés	85	»
11	Ebauches de haches en fer fin	110	»
12	— pointerolles de 1 k. 200 à 1 k. 800 .	125	»
13	Pointerolles à houille et à minerai, aciérées, de 1 k. 200 à 1 k. 800..................	165	»
14	Douilles de pioches, œil rond	65	»
15	Bourroirs, avec bout en cuivre rouge, de 18ᵐ/ₘ..................... *la pièce*	3	50
	Bourroirs avec bout en cuivre rouge, de 22ᵐ/ₘ..................... *la pièce*	4	25
16	Lampes de mineurs ,.............. —	2	70
17	Coins de carrière, pointus, plats aciérés.....	70	»
18	— — carrés, aciérés...........	70	»
19	Rateaux à ballast ,.............. *la pièce*	4	75
20	Bouchardes pour tailleurs de pierres *la pièce*	9	50

Numéros de la planche		Les 100 kil.
21	Massettes cintrées pour mineurs, en fer fin ...	115 »
—	— — — tout acier .	105 »
22	Rustiques	215 »
23	Têtus de maçons......................	135 »
24	Tranches à pierres	155 »
25	Marteaux à deux pointes	135 »
37-38-41	Masses à débiter et masses-couples « tout acier »	100 »
35-36	Massettes en fer fin, pour tailleurs de pierres.	95 »
40	— à cailloux tout « acier fondu » ...	125 »
46	Marteaux à main......................	135 »
48	Pinces à boules ou crayons	65 »
50	Barres à mines en « fer » fortement aciérées aux deux bouts, ou tout acier	65 »
51	Pinces-leviers à talons, pour carriers, aciérées aux deux bouts	63 »
52	Frettes pour pieux de pilotis	70 »
53	Sabots pour pieux de pilotis (4 branches en fer, culot fonte)	50 »
56	Manches de pioches, chêne ou frêne, longueur, 0 m. 90 à 0 m. 95,....... *le cent*	27 »
57	Manches de brasse-mortier, longueur 2 mètres à 2 m. 50 .... *le cent*	55 »
58	Manches pelles, cintrés à la vapeur. —	40 »
59	— — courbe naturelle. —	55 »
60	— ferrés, à botte .... —	58 »
60	— masses en frêne .... —	35 »
60	— — en cornouiller .... —	55 »
60	— marteaux à main .... —	22 »
61	Pelles rondes ou carrées, à bride en acier fondu..............................	63 »
62	Pelles rondes ou carrées à douille	73 »
—	Seaux de maçons, tôle galvanisée, diamètre, 0 m. 30 .... *la pièce*	4 »
—	Griffes à cailloux, 5 dents......... —	5 »
63	Binettes pointues à tête .... —	2 75
65	— carrées à tête .... —	3 25
66	Brayons à griffes pour béton, poids 2 k. 700 environ .... —	3 75
67-68	Brasse-mortier, douille ouverte ... —	3 25
69	Clefs à écrou en fonte malléable ... —	2 25
70	— douille ou béquille pour serrage de tirefonds .... —	5 »
71	Tenailles de forge	175 »

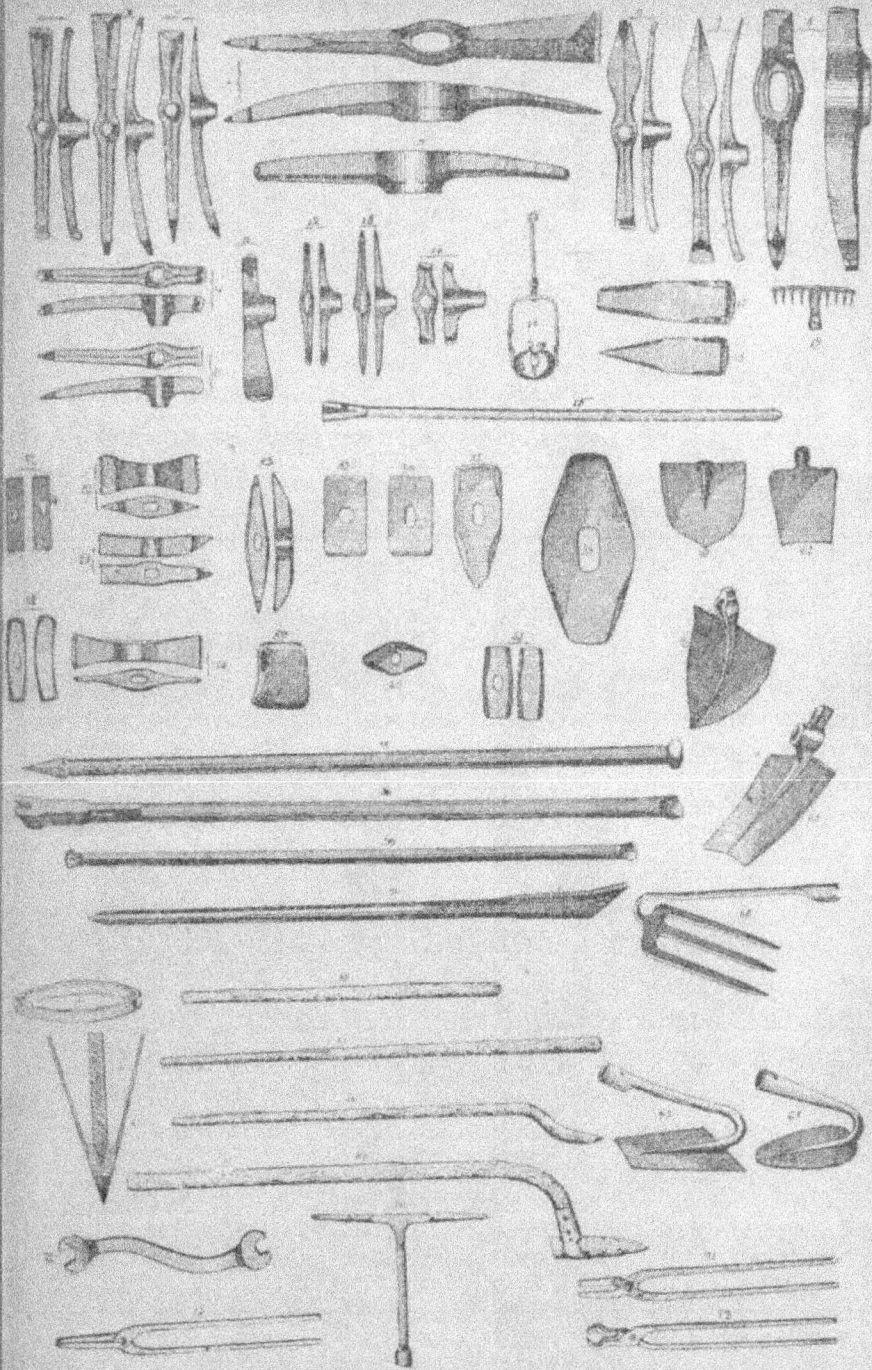

Fig. 53. — Outillage pour entrepreneurs.

CHAPITRE V

TERRASSEMENTS
ET TRANSPORT DES MATÉRIAUX

Transport des matériaux. — Les inégalités du terrain conduisent souvent à déplacer un cube considérable de terre et de roches qu'il faut d'abord désagréger, puis charger et transporter à l'endroit de la décharge.

L'importance de ces travaux de terrassement mérite une étude approfondie, car, des moyens employés pour leur exécution, résultent une économie ou une aggravation fort appréciable de la dépense.

La première chose à faire est de se rendre un compte aussi exact que possible du cube de terre à déblayer et de s'assurer d'un emplacement pour déposer les déblais à proximité de la fouille. Le plan du terrain avec les cotes de nivellement permet de calculer, par les méthodes géométriques élémentaires, la *cubature des terrasses*, c'est-à-dire le nombre de mètres cubes à enlever. Mais il faut tenir compte du *foisonnement* des terres et des rochers, qui est indiqué ci-après. Pour un mètre cube de matière enlevée à la fouille, on obtient environ :

Avec le sable et la terre végétale ou alluvions	1100	litres
Avec la terre franche et la terre crayeuse...........................	1200	—
Avec la terre marneuse et argileuse assez compacte...................	1500	—
Avec l'argile compacte dure et grasse	1700	—
Avec le moellon ou tuf tendre.......	1550	—
Avec le roc dur désagrégé à la mine .	1650	—

Il faut noter ici que dans le cas où l'on charge en même temps des pierres et de la terre, cette dernière se loge dans les espaces libres entre les pierres, ce qui diminue d'autant le foisonnement total.

Sur le remblai, le pilonnage ou le roulage diminuent le cube des matériaux apportés dont le volume final reste généralement supérieur au cube de la fouille ; par un temps de fortes gelées et après dégel, on a cependant vu des terres ne formant pas un remblai supérieur au déblai. On peut estimer ainsi le volume final du remblai après pilonnage ou roulage pour un mètre cube de la fouille :

Avec le sable ou terre végétale	1050	litres
Avec la terre franche ou crayeuse ..	1100	—
Avec la terre marneuse	1300	—
Avec l'argile compacte	1400	—
Avec le moellon..................	1350	—

Connaissant le cube des déblais à transporter, la nature des matériaux qui seront extraits de la fouille et la distance à laquelle se fera le transport, on pourra faire l'étude des procédés à mettre en œuvre.

Le terrassement comporte cinq opérations, qui sont :

1° La fouille ou désagrégation des terres et rochers ;

2° Le chargement ;

3° Le transport ;

4° Le déchargement ;

5° Le réglage des talus et des berges et le pilonnage des remblais.

Fouilles. — La *fouille* a pour but d'ameublir la terre et de la rendre facilement transportable : elle se fait à la *bêche* ou *louchet* dans la terre sans cailloux, à la *pioche* ou *tournée* dans la terre caillouteuse, enfin au *pic* et à la *pince* dans les rochers où l'on emploie aussi la poudre de mine et la dynamite dont nous parlerons plus loin.

Quand il s'agit de fouilles profondes, on emploie le procédé par *abattage* ou *sape* qui consiste à saigner la terre à la base de la fouille, puis de chaque côté du bloc de matériaux à désagréger : on enfonce ensuite, avec une masse, de gros pieux à la surface supérieure, ce qui détache toute la masse isolée par les saignées : en tombant, les matériaux s'ameublissent et se désagrègent complètement. Ce procédé est rapide et économique, mais il n'est pas sans danger pour les ouvriers, car les blocs de terrain se détachent quelquefois avant le moment prévu et peuvent entraîner ou ensevelir les ouvriers : il exige donc une grande prudence de la part du chef de chantier.

Les fouilles par abatage ou sape sont surtout avantageuses quand on peut amener, par une *tranchée*, les wagons au-dessous de l'endroit où doivent tomber les terres sapées : le chargement se fait alors naturellement par jet des matériaux de haut en bas dans ces wagons, ce qui procure une économie appréciable de main-d'œuvre.

D'après M. Richou, il faut à un homme de force moyenne les temps suivants pour la fouille d'un mètre cube des divers matériaux :

Terres végétales et légères ..	30 à 40 minutes
Terres franches	50 à 55 minutes
Argiles compactes.........	5 à 6 quarts d'heure.
Tufs et graviers compacts ...	7 quarts d'heure à 2 h.

(Ces temps sont relatifs aux fouilles exécutées avec la pioche, le pic et la pince, l'abatage les abrège.)

La poudre de mine et la dynamite sont fréquemment employées pour désagréger les terres, les souches de gros arbres et surtout les rochers. Leur emploi comporte le percement des trous de mine, le placement de la cartouche de poudre ou de dynamite et de la mèche ou *cordeau Bickford*, le bourrage et la mise de feu. Les cartouches de poudre sont préparées par les ouvriers eux-mêmes, ou mieux achetées toutes faites et prêtes à être placées dans le trou de mine ; nous donnons ci-après le mode opératoire indiqué par M. Badoureau, ingénieur des Mines :

Choix de l'emplacement. — Le choix de l'emplacement d'un trou de mine demande une grande sagacité et doit être guidé par les règles suivantes :

1° Disposer autant que possible les trous dans un

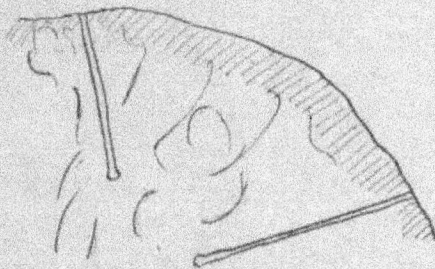

Fig. 54. — Disposition des trous de mine dans un bloc de rocher à désagréger.

plan parallèle à une surface libre du rocher ; 2° tenir compte des plans de facile rupture de la roche ; 3° éviter que la bourre ne soit chassée ; 4° s'arranger pour que la roche se détache en gros fragments sans se pulvériser.

Nous allons prendre quelques exemples pour indiquer dans chaque cas où on place les trous de mine :

1º Quand on perce une galerie à petite section, on fait généralement l'avancement en gradins. Au front de taille proprement dit, deux ouvriers creusent trois trous de mine horizontaux, et au bord du gradin, un ouvrier creuse un trou de mine vertical descendant ; 2º pour foncer un puits circulaire, on perce en général un grand trou de mine central où on fait éclater de la dynamite, de façon à obtenir un trou conique à l'intérieur duquel on se place pour battre au large par des trous de mine horizontaux ; 3º on peut aussi commencer par créer autour du puits un fossé annulaire par de petits coups de mine et abattre ensuite le bloc central avec de grands coups de mine ; 4º pour percer un puits quadrangulaire, on peut d'abord tirer quatre grands coups suivant le petit axe, et de nombreux petits coups sur les longs côtés, puis abattre les deux stross par de grands coups de mine ; 5º dans une exploitation par gradins droits, on tire des coups de mine verticaux dirigés de haut en bas ; 6º dans une exploitation par gradins renversés, on tire des coups de mine horizontaux.

Forage. — Le forage d'un trou de mine est la reproduction en petit de l'opération décrite à l'article *Sondage.* On frappe en général avec une massette sur un fleuret. Si le travail est fait par un homme seul, la massette pèse 2 à 4 kilogrammes ; mais s'il est fait par deux hommes qui se reposent alternativement en tenant le fleuret, la massette tenue à deux mains pèse 5 à 10 kilogrammes. Le fleuret est un cylindre à section carrée ou ronde, dont l'extrémité au moins est en acier. Cette extrémité est un tranchant courbe, un peu plus grand que le diamètre du fleuret. On obtient un trou rond en faisant tourner successivement le fleuret sur lui-même. Si l'on s'y prend maladroitement, le trou a la forme d'un polygone curviligne dont chaque côté est un arc de cercle décrit du sommet opposé comme centre ; mais on peut éviter cet inconvénient par l'emploi du fleuret en Z, dont les extrémités sont munies d'ailettes qui alèsent le trou. On emploie des fleurets de longueurs de plus en plus grandes pour commencer un trou de mine, le continuer et le finir. On cure les trous de mine au fur et à mesure de leur fonçage, en y envoyant de l'eau, s'il n'y en a pas assez naturellement, en y introduisant un peu d'argile qui forme une pâte avec l'eau et les matières broyées, et en retirant cette pâte avec la curette, petite tige ronde dont l'extrémité est aplatie et coudée à angle droit.

Quand les roches sont tendres, on fait quelquefois le forage des trous de mine sans massette, en s'adossant au front de taille, et en prenant à deux mains une barre à mine, que l'on passe entre ses jambes, et que l'on enfonce par chocs successifs dans le rocher. Quand les roches sont encore plus tendres, on peut percer des trous de mine avec une « tarière », qui est une sorte de grosse vrille.

Soit d le diamètre du trou de mine, h la hauteur sur laquelle on chargera de la poudre, et h' la hauteur sur laquelle on bourrera. Le rapport de la profondeur totale du trou $h + h'$ à h, varie entre 2 et 4. Le travail développé dans le percement du trou est mesuré par son volume et par conséquent proportionnel à $d^2 (h + h')$. La force de disjonction de la poudre est égale au double de la somme des projections des pressions, qui s'exercent sur la moitié de la surface du trou. Elle est proportionnelle par conséquent à dh. Il en résulte qu'il y a avantage à faire des trous de mine d'un faible diamètre. On augmente encore l'effet utile, si on emploie des trous de mine dont la section est moindre dans la partie où on bourre, que dans celle où on charge la poudre, car on conserve le même effet utile en remplaçant le travail $d^2(h + h')$ par le travail moindre $d^2h + d'^2h$. On peut y arriver dans les roches calcaires en attaquant le fond du trou par de l'acide chlorhydrique et dans les roches quelconques par l'emploi d'élargisseurs, dont le plus simple est un fleuret à crosse muni de deux tranchants.

Quand on veut aller vite, on a intérêt à employer, pour forer les trous de mine, des machines telles que les perforateurs mécaniques.

Chargement. — On commence par sécher le trou, et, si on ne peut pas y arriver, on l'emplit avec de la terre glaise à l'intérieur de laquelle on fore un nouveau trou. Puis on y introduit une quantité de poudre dont le poids (exprimé en kilogrammes) est environ la moitié du cube de la distance du trou de mine à la face libre du rocher (exprimée en mètres). Si on se contentait de verser simplement la poudre dans le trou, il resterait du pulvérin adhérent aux bords du trou. On a proposé de la verser par un tube, mais c'est une mauvaise solution, car elle exige un outil de plus et il reste encore du pulvérin sur les bords. Le mieux est de charger la poudre sous forme de cartouches que l'ouvrier fabrique lui-même, ou qu'on lui fournit toutes préparées. Les cartouches sont en papier fort, en toile goudronnée ou en métal, selon la plus ou moins grande abondance de l'eau. L'emploi des cartouches en poudre comprimée est très recommandé ; elles ont l'avantage d'empêcher l'ouvrier de voler la poudre pour s'en faire des provisions.

Bourrage. — Au-dessus de la poudre, on tasse, avec un bourroir, des matières quelconques exemptes de quartz (brique pilée, schiste, sel, gypse, plâtre, sable, etc.). On réserve dans le trou de mine, au milieu des matières bourrées, la place de l'épinglette. L'épinglette est une aiguille en fer, pointue et munie d'un anneau. Si la roche fait feu contre le fer, on emploie une épinglette en cuivre et en laiton. Le bourroir est une tige de fer dont l'extrémité est renflée de façon à avoir une section presque égale à celle du trou de mine, et munie d'une échancrure pour laisser passer l'épinglette. On a proposé également un bourroir formé par une plaque munie d'un trou par où passe l'épinglette. On emploie quelquefois des bourroirs de laiton, de bronze, de zinc, etc., ou même des bourroirs en bois.

On pousse d'abord doucement la cartouche au fond du trou de mine, puis on entre l'épinglette, on l'enfonce jusqu'à la moitié de la cartouche et on la laisse appuyée contre les parois. On bourre des matières diverses, d'abord doucement, puis durement, avec la massette, en ayant soin de ne pas frapper sur l'épinglette et de la tourner sur elle-même, de temps en temps, pour l'empêcher de se coincer ; on fait, au bord du trou, une collerette avec de l'argile humide ; on passe le bourroir dans l'anneau de l'épinglette et on la retire ; la collerette empêche la formation de petits éboulements qui combleraient le vide de l'épinglette.

Amorçage. — On envoie le feu à la cartouche par un petit canal, au moyen d'un fétu de paille empli de poudre, ou d'une raquette composée de cornets emboîtés les uns dans les autres et formés avec du papier préalablement trempé dans une bouillie d'eau gommée et de poudre. On enflamme le fétu ou la raquette au moyen d'une mèche en amadou ou d'une mèche soufrée qu'on y attache avec du suif ; la poudre brûle et chasse le fétu ou la raquette au fond du trou.

On peut également employer l'étoupille de sûreté de M. Bickford, qui consiste en une corde blanche, si on veut tirer à sec, et goudronnée si on veut tirer au sein de l'eau, et dans l'axe de laquelle est une traînée de poudre. L'étoupille dispense de l'emploi de l'épinglette ; on l'introduit en même temps que les cartouches de poudre, puis on fait le bourrage et on allume l'extrémité de l'étoupille dans laquelle le feu se propage avec une vitesse de 50 centimètres par minute.

Inflammation. — Avant de tirer le coup de mine, on doit pousser un cri pour avertir les ouvriers du voisinage d'avoir à se retirer dans toutes les directions. Un seul homme reste, allume la mèche ou l'étoupille et se sauve. On revient après avoir entendu un coup fort ; si on entend un coup faible, c'est que les gaz se sont répandus dans les fissures de roche et on peut également revenir, mais si on n'entend rien, il faut attendre au moins dix fois le temps normal nécessaire à la propagation du feu, pour le cas où le coup aurait fait long feu. Il ne faut jamais débourrer une mine ratée, à moins de l'avoir préalablement noyée. Quelquefois on remet une nouvelle amorce, mais ce n'est pas possible quand on emploie des étoupilles.

On gagne du temps en tirant, d'une façon à peu près simultanée, des salves de coups de mine, et on a un effet utile plus considérable si les coups sont tout à fait simultanés. On ne peut arriver à ce résultat qu'en employant l'électricité. Le tirage à l'électricité peut avoir lieu au sein de l'eau et n'exige pas la présence d'un homme dans le voisinage. On peut employer l'électricité statique, le courant d'une pile ou d'une bobine Ruhmkorff pour obtenir une étincelle ou pour chauffer au rouge blanc un fil de platine, de façon à enflammer une capsule de chlorate de potasse et de sulfure d'antimoine.

On emploie spécialement les *explosifs Favier* vendus en cartouches prêtes à placer dans le trou de mine (mononitronaphtaline et azotate d'ammoniaque). Ces cartouches sont composées d'une enveloppe en papier paraffiné dans laquelle se trouve l'explosif et le détonateur : on perce avec une pointe l'enveloppe de papier dans laquelle on introduit l'extrémité du cordeau Bickford et la cartouche est ainsi descendue au fond du trou de mine avec son cordeau autour duquel on fait le bourrage serré.

Les cartouches Favier ne détonent pas sous le choc, elles doivent être préservées de l'humidité qui les rendrait inutilisables.

Chargement. — Le chargement des matériaux fouillés s'exécute à la pelle ; un homme peut jeter, avec la pelle, 2 kil. 750 de terre toutes les 5 secondes à 4 mètres de distance horizontale, ou bien élever cette même quantité dans le même temps, à 1 m. 60 de hauteur avec un déplacement de 0 m. 80 dans le sens horizontal. C'est donc un poids de 2000 kilogrammes environ de matériaux qu'un homme peut déplacer en une heure. Le volume dépend de la densité des matériaux ; si nous appelons d cette densité, le nombre de mètres cubes remués par heure par un homme sera

$\dfrac{2000}{d}$ et le nombre d'heures nécessaires pour remuer

un volume déterminé sera $\dfrac{d \times v}{2000}$.

Les densités des divers matériaux sont les suivantes :

Terre végétale	1214 à 1285	kil. par mc.
Terre forte graveleuse	1357 à 1248	—
Argile et glaise	1656 à 1756	—
Marne...............	1570 à 1640	—
Sable sec	1400	—
Sable humide	1900	—
Sable argileux	1713 à 1800	—
Sable de rivière humide	1770 à 1856	—
Gravier et cailloux ...	1371 à 1485	—
Craie...............	1214 à 1285	—
Pierres tendres	1130 à 1710	—
— demi-dures...	1800 à 2000	—
— dures	2000 à 2400	—
Granits et grès.......	2500 à 2700	—
Silex	2500	—

Nota. — Les poids ci-dessus s'entendent pour le mètre cube de matériaux non désagrégés, c'est-à-dire mesuré avant la fouille.

Des données ci-dessus on tire une indication pour la hauteur et la largeur à donner aux gradins servant au remontage des terres depuis le fond de la fouille jusqu'à la surface du sol : ces gradins devront avoir 1 m. 60 d'élévation et 0 m. 80 de largeur.

Si le déplacement des terres dans le sens horizontal n'excède pas 4 mètres, il sera fait simplement par *jet à la pelle*, sans le secours d'aucun autre appareil de transport.

Pour le chargement d'une brouette, on estime qu'un

homme peut faire 2500 kilos à l'heure, ce qui est supérieur au rendement du jet à la pelle ; au contraire, pour le chargement d'un tombereau d'une hauteur de 2 mètres, il ne faut pas compter plus de 1600 kilos chargés en une heure par un terrassier.

Appareils de plans inclinés. — Lorsque, dans les chantiers de travaux publics ou dans les carrières, on a à transporter les matériaux à des altitudes sensiblement différentes, il y a avantage à employer des plans inclinés reliant par une pente uniforme si possible le lieu de chargement et celui de déchargement.

Divers cas se présentent :

1° Les matériaux sont à charger au sommet de la pente et à transporter au pied de celle-ci.

On agence sur la pente deux voies parallèles au sommet desquelles on place l'appareil représenté figures 37 et 38. Au câble métallique qui passe sous la poulie à gorge inférieure sont reliés les wagons. Les wagons pleins descendant remontent les wagons vides. Le frein sert à régler la descente.

2° Les matériaux sont à charger au pied de la pente et à transporter au sommet.

La même installation s'impose, mais alors les wagons pleins étant à monter, il faut recourir à un moteur animal ou mécanique. Suivant l'importance des charges à monter, l'appareil décrit ci-dessus peut être employé en adjoignant une flèche à laquelle on attelle un cheval ou des chevaux. Dans le cas de lourdes charges, on a recours à un appareil spécial mû par une machine à vapeur.

Lorsque la rampe ne dépasse pas 0 m. 15 par mètre, les wagonnets peuvent circuler sur les voies sans crainte de renversement. Lorsqu'elle est supérieure à 0 m. 15 par mètre, il y a lieu d'employer des trucksporteurs. (Voir gravure ci-contre représentant le cas d'un plan incliné avec rampe de 45°, soit 1 mètre pour 1 mètre.)

Transport. — Au-delà de la distance de 4 mètres, où le jet à la pelle est possible, le transport des matériaux fouillés s'opère à la brouette, au camion à bras, au tombereau et enfin avec des wagonnets ou des wagons à voie normale, trainés par des chevaux ou des locomotives.

Brouette. — La brouette de terrassier cube 50 à 55 litres ; le transport s'effectue par relais établis tous les 30 mètres en terrain horizontal et tous les 20 mètres lorsque la pente atteint 0 m. 08 par mètre. L'*atelier* se compose d'un piocheur qui fait la fouille ; d'un chargeur qui met la terre dans une brouette ; d'autant de rouleurs qu'il y a de fois 30 mètres (ou 20 mètres en pente) dans la longueur totale du transport.

Chaque rouleur a sa brouette et il y a en plus une brouette constamment en station de chargement.

Le roulage des brouettes se fait péniblément dès que le sol est détrempé par les pluies, aussi doit-on, en ce cas, faire, avec des plateaux mis bout à bout, un *chemin de roulage* qui facilite et accélère le travail.

Selon la largeur de la fouille, on établit plusieurs ateliers travaillant parallèlement à 2 ou 3 mètres de distance l'un de l'autre, de façon que les rouleurs puissent se croiser sans se gêner mutuellement.

Un atelier enlèvera naturellement la quantité de terre que le chargeur met par heure dans les brouettes, soit 2500 kilogrammes environ. Le prix du terrassement à la brouette est facile à calculer avec ces données : si la distance est de 90 mètres, par exemple, on aura :

1 piocheur ;

Appareils de transport à bras d'homme

Fig. 55. — Camion à bras.

Fig. 56. — Brouette à bayard.

Fig. 57. — Brouette à barres.

Fig. 58. — Diable à barder.

Fig. 59. — Civière à barder à deux hommes.

Fig. 60.

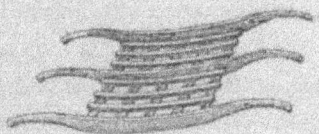

Fig. 61.

Civières à barder à deux ou quatre hommes.

1 chargeur ;

3 rouleurs, soit 5 hommes pour enlever 2500 kilos de déblais : la densité de ces déblais et le prix de l'heure d'ouvrier donneront le moyen de calculer le prix de revient du mètre cube.

Camion à bras. — L'emploi du *camion* à deux roues est limité aux transports accidentels de terres, de gravats et de petits déblais, il n'est pas avantageux dans les terrassements importants.

Transport des pierres. — Pour le déplacement des gros blocs de pierres, on fera usage de la *brouette à bayard*, de la *brouette à barres* sans côtés, des *civières à barder* et du *diable à barder* construits spécialement à cet effet. Ces appareils sont surtout employés par les maçons et les carriers.

Tombereaux. — L'avantage du tombereau consiste surtout dans son mode de déchargement rapide. La capacité de la caisse est généralement voisine de 0 mc. 800 pour le tombereau à un cheval, pesant à vide 600 kilos ; le poids de la charge est de 1000 kilos. Les tombereaux à 2 chevaux contiennent jusqu'à 1 mc. 500 pour une charge utile d'environ 2000 kilos. On emploie le tombereau pour des transports de terre à toutes distances, mais il n'est avantageux qu'entre 100 et 400 mètres ; au-delà, il est préférable d'établir des voies et de se servir de wagonnets à traction animale, puis à traction mécanique pour les très longues distances. Le wagonnet est, du reste, toujours supérieur au tombereau au point de vue du prix de revient du transport.

Il est évident que le prix d'un transport par tombereau dépend du prix de la main-d'œuvre de chargement et du salaire du conducteur et aussi de la difficulté plus ou moins grande du terrain ; si le parcours comporte des pentes ou des passages difficiles, on devra mettre à ces endroits un cheval de renfort plutôt que d'atteler tous les tombereaux à deux chevaux, il y aura économie.

Il est donc fort difficile d'établir *a priori* le prix de revient d'un tel mode de transport. Dans son ouvrage : *Procédés et Matériaux de Construction*, M. Debauve donne le tableau suivant pour évaluer le prix

Prix des tombereaux

Cubant environ y compris hausse mètres cubes	Pouvant porter environ kilos	MONTÉ SUR ROUES			PRIX du tombereau courant sans accessoires ni mécanique	PLUS-VALUE pour mécanique à vis ou à levier
		hauteur mètres	Dim. des cercles			
			largeur	épaisseur		
1.25	2.000	1.70	70	25	455 »	35 »
1.25	2.000	1.70	80	25	465 »	35 »
1.40	3.000	1.70	80	30	535 »	47 »
1.75	4.500	1.70	95	35	670 »	53 »
2.00	6.000	1.70	110	35	825 »	59 »

de revient du transport *d'un mètre cube de terre* à la distance d par les divers moyens de transport, en supposant que le prix de la journée d'un manœuvre est de 3 francs, que les pentes ne dépassent pas 6 millimètres par mètre et que le poids des matériaux est de 1600 kilos au mètre cube.

Par brouette .... $0.006\ d$
Par camion .... $0.05\ + 0.0017\ d$
Par tombereau à
1 cheval........... $0.30\ + 0.0011\ d$
Par wagonnets et
traction à chevaux. : $0.40\ + 0.0003\ d$ avec wag. de 1 mc. 5
et $0.392 + 0.00021\ d$ — — 3 mc.
Par wagonnets et
voie ferrée.......... $0.44\ + 0.000101 d\ + 0.000000017\ d^2$.
avec wagonnets de 3 mètres cubes.

5

Les résultats donnés par ces formules sont à majorer du bénéfice, des frais généraux, d'une plus-value de 25 à 50 0/0 si l'on a affaire à des roches ; elles comprennent l'amortissement du matériel à raison de 20 0/0 par an. Elles supposent, du reste, que :

La brouette n'est employée que jusqu'à 60 mètres.
Le tombereau n'est employé que jusqu'à 417 mètres.
Le wagonnet à chevaux n'est employé que jusqu'à 700 mètres.
La locomotive à partir de 440 mètres.

Il faut observer ici que l'on paie aujourd'hui les manœuvres beaucoup plus de 3 francs par jour.

D'autre part, on estime qu'un cheval fait, au tombereau, 4000 mètres de parcours par heure, desquels il faut déduire le temps du chargement qui dépend du nombre des chargeurs ; le nombre des tombereaux effectuant le transport doit être tel qu'il y ait toujours un tombereau en chargement pour occuper deux chargeurs auxquels le conducteur donne un coup de main en aidant au chargement avec la pelle qui accompagne le véhicule.

Le prix du chargement du tombereau avec de la terre pesant 1600 kilos au mètre cube est évalué à 0 fr. 86 P, P étant le prix de l'heure d'un chargeur. Quant au prix du transport par tombereau à un cheval, on l'estime, dans le cas où il n'y a pas de pentes nécessitant un cheval de renfort :

0,80	pour une distance de	500 mètres.
1,40	—	1000 —
1,80	—	1500 —
2,30	—	2000 —

Le déchargement des tombereaux se fait sur la tête du remblai et généralement sur une plateforme avec butée que l'on déplace au fur et à mesure que le remblai s'avance. Si les terres doivent être déchargées en profondeur, on emploie un échafaudage spécial, appelé *baleine*, qui permet de reculer les tombereaux au-dessus du vide. Cet échafaudage est déplacé quand le

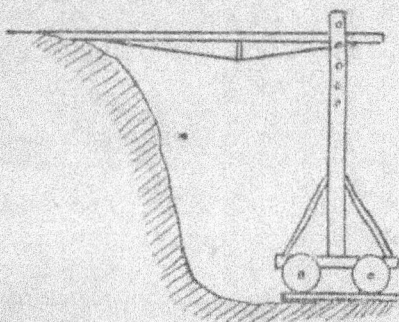

Fig. 62.

remblai s'avance ; à cet effet, on monte son pied de support sur des roues qui roulent sur des rails ou sur des traverses en bois (fig. 62).

Un dispositif analogue est employé quand il s'agit de décharger les tombereaux dans des bateaux ou des wagons placés en contrebas des terrains de roulage.

Voies pour terrassements. — Une travée de voie se compose de deux rails en *acier* rivés à l'écartement demandé sur des traverses en acier U présentant le maximum de rigidité.

La jonction de deux travées, qui est forcément le point faible d'une voie, se fait *sur la traverse de joint* et tout fléchissement se trouve ainsi évité.

Le joint est encore renforcé par la première traverse de l'autre travée, qui vient s'accoler à la traverse de joint (système Pétolat).

La jonction des travées se fait aussi au moyen *d'é-clisses* et de boulons.

Dans les travées *courbes*, la traverse de joint est

démontable, ce qui permet de diriger la courbe indif-
féremment à droite ou à gauche, par le simple déplacement de cette traverse.

Les changements de direction se font soit au moyen
de plaques tournantes, soit par des aiguillages analogues à ceux usités sur les chemins de fer et, pour les

Fig. 63. — Sauterelle ou dérailleur.

petits wagonnets, au moyen d'un simple plan incliné
composé de deux bouts de rails et appelé *sauterelle* ou
dérailleur.

Les voies de terrassement se font en rails vignole
ou en rails à cornière du poids de 6 à 9 kilos par mètre
de rails. En rails de 7 kilos, voie de 60, généralement
employée, une travée de 5 mètres pèse environ 90 kilogrammes et comprend 6 traverses. Les voies se font
en 0 m. 40, 0 m. 50, 0 m. 60, 0 m. 70 de largeur.

Les traverses sont posées, soit directement sur le
sol nivelé aux endroits où la traverse repose, soit sur
ballast de 0 m. 10 à 0 m. 15 ou sur des calages en bois
dans les endroits où il y a des dépressions de terrain.

L'installation comporte un certain nombre de
courbes à droite ou à gauche, des plaques tournantes
et des aiguillages.

Voies pour terrassements

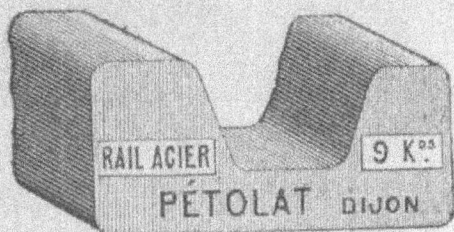

Fig. 64. — Rail à ornière.

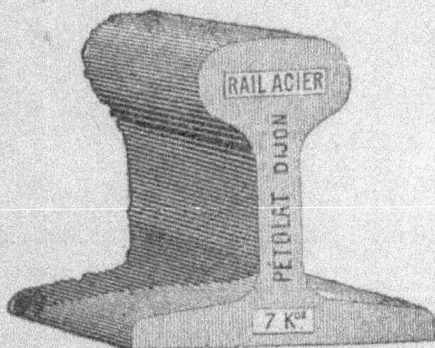

Fig. 65. — Rail à champignons.

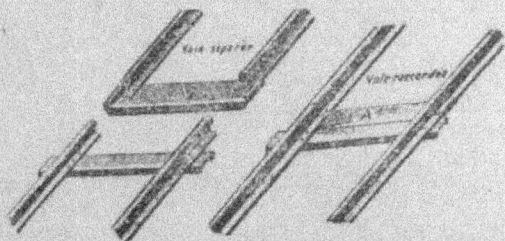

Fig. 66. — Assemblage sur traverse de joint.

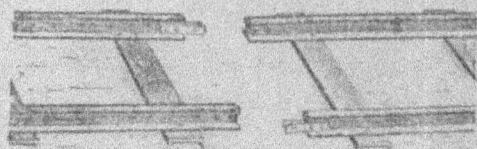

Fig. 67. — Assemblage par éclisses et boulons.

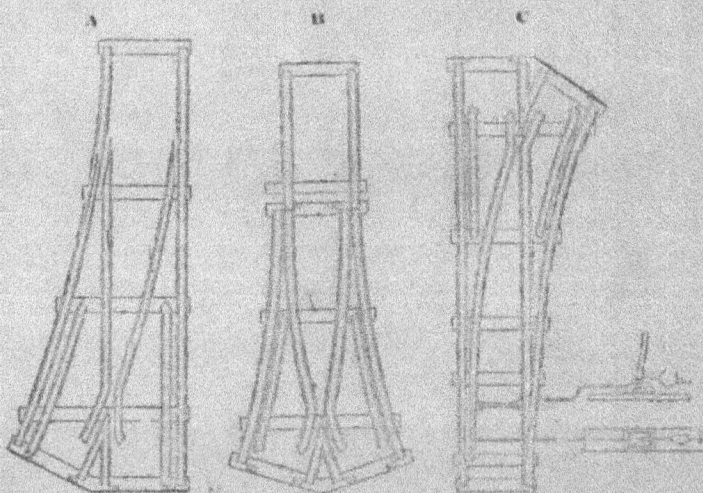

Fig. 68. — Croisements de votes et aiguillage.

1° *Croisement à aiguille intérieure fixe* (fig. A), dans lequel on donne la voie en obliquant l'avant du wagonnet soit à droite, soit à gauche.

2° *Croisement à aiguille mobile extérieure* (fig. B), dans lequel on donne la voie en poussant à droite ou à gauche la petite travée inférieure *mobile*.

3° *Croisement à aiguille intérieure rabotée* (fig. C), le plus employé et le plus pratique. La voie y est donnée en poussant, soit au pied, soit à l'aide d'un mouvement de manœuvre indiqué à la gravure ci-dessus, la partie mobile constituant l'aiguille. Ce type est semblable à celui employé dans les Compagnies de chemins de fer.

Prix des voies de terrassement en rails de 7 kilos au mètre.

	POUR VOIE DE		
	0m40	0m50	0m60
En bouts droits de 5 m. avec 6 traverses, le mètre..............	4 80	5 »	5 20
En bouts droits de 2 m. 50, avec 4 traverses, le mètre	5 30	5 50	5 70
En bouts droits de 1 m. 25, avec 2 traverses, le mètre...........	5 65	5 85	6 05
En bouts courbes de 2 m. 50, avec 4 traverses. Rayon 6 et 8 m., le mètre	5 80	6 »	6 20
En bouts courbes de 1 m. 25, avec 2 traverses. Rayon 6 et 8 m., le mètre	6 15	6 35	6 55
Croisement à 2 voies, à aiguilles mobiles rabotées :			
Rayon 6 mètres........ l'un	59 »	60 »	61 »
— 8 — .... —	63 »	64 »	65 »
— 10 — .... —	66 »	67 »	68 »
Croisement à 3 voies, à aiguilles mobiles rabotées :			
Rayon 6 mètres........ l'un	115 »	117 »	119 »
— 8 — .... —	121 »	123 »	125 »
— 10 — .... —	128 »	130 »	132 »
Plaque tournante à plateau lisse ou à ornières :			
Diamètre : 0 m. 80 ..... l'une	52 »	52 »	» »
— 0 m. 90 ..... —	» »	58 »	» »
— 1 m. ..... —	» »	57 »	68 »
— 1 m. 20 ..... —	» »	» »	105 »

Fig. 69. — Plaque tournante.

Fig. 70. — Wagonnet en charge.

Fig. 71. — Wagonnet en déchargement par basculage en bout de voie.

Fig. 72. — Locomotive à vapeur pour terrassements

Matériel roulant. — Il comprend les wagonnets à caisse basculante et les locomotives : ce matériel est généralement prévu pour travailler à des vitesses variant de 6 à 12 kilomètres à l'heure ; dans les grandes entreprises, on doit obtenir davantage si les distances à parcourir sont considérables.

Les wagonnets basculent soit par côté, soit en bout, certains dispositifs permettent de les faire basculer à volonté en bout ou par côté selon les nécessités du remblai à effectuer ; ils sont traînés à bras d'homme, par des chevaux ou par des locomotives à vapeur ou électriques avec trolley aérien.

Locomotives pour terrassements (d'après M. Pétolat, à Dijon).

DÉSIGNATION	TYPE Nº 1	TYPE Nº 2
Poids de la machine à vide	3.300 kil.	5.500 kil.
— — en service	4.800 kil.	7.300 kil.
Surface de chauffe de la chaudière.	7 mq.	16 mq.20
— de la grille	0 mq.21	0 mq.20
Timbre de la chaudière	12 kil.	12 kil.
Diamètre des cylindres	125 $\frac{m}{m}$	165 $\frac{m}{m}$
Course des pistons	200 —	300 —
Diamètre des roues au roulement .	450 —	600 —
Écartement des essieux	850 —	1.200 —
Nombre de roues couplées	4	4
Capacité des caisses à eau ...	400 litres	600 litres
— — à charbon ...	250 —	300 —
Longueur totale de la machine hors tampons	3m 800	4m 700
Largeur — —	1m 450	1m 650
Hauteur — —	2m 325	2m 600
Effort de traction	541 kil.	1.061 kil.

Charges remorquées, non compris le poids de la locomotive,
à la vitesse de 8 kilomètres à l'heure.

DÉSIGNATION	TYPE N° 1	TYPE N° 2
En palier	75 tonnes	156 tonnes
Sur rampe de 2 ‰ par mètre	53 —	109 —
— 5 —	36 —	75 —
— 10 —	22 —	47 —
— 15 —	15 —	32 —
— 20 —	12 —	25 —
— 25 —	8 —	20 —
— 30 —	7 —	16 —
— 35 —	6 —	13 —
— 40 —	5 —	11 —
— 50 —	3 —	7 t. 500

Prix des wagonnets versant des deux côtés ; boîtes à huile ou à
à graisse ; roues en acier de 0 m. 30 de diamètre ; tampons
et attelages, selon la largeur de la voie de 0 m. 40 à 0 m. 60.

Contenance du wagonnet	200 litres	87 à 90 fr.
—	—	250 —	95 à 97 —
—	—	500 —	130 à 134 —
—	—	750 —	169 à 174 —
—	—	1000 —	228 à 253 —
—	—	1500 —	360 à 370 —

(Supplément de 10 0/0 pour wagonnets versant au bout.)

Prix des transports par wagonnets sur voies portatives
par mètre cube sur une distance de :

500 mètres	. . . .	0 fr. 49
1000 —	. . . .	0 fr. 84
1500 —	. . . .	1 fr. 28
000 —	. . . .	1 fr. 84

Au-dessus de ces distances et lorsque l'importance du
travail le comporte, il y a avantage à employer les wagons
et locomotives à voie normale.

Traction électrique appliquée aux terrassements. — L'emploi de l'électricité dans les transports des terrassements s'est généralisé dans ces dernières années ; c'est ainsi que le Métropolitain de Paris a effectué une grande partie de ses travaux. Les machines sont du système à *trolley aérien* et emploient le courant à 550 volts ; un train se compose d'une automotrice portant une ou deux caisses de wagonnets à bascule et remorquant plusieurs wagonnets.

Parmi les entreprises plus modestes, nous citerons les travaux faits au Royal Palace Hôtel à Ostende (Belgique) en 1903, où plus de 40.000 mètres cubes de terres, sables et matériaux furent déplacés par deux locomotives électriques à trolley aérien sur 2500 mètres de voie étroite de 60 centimètres en rails de 7 kilos. Le prix de revient fut de 0 fr. 80 par mètre cube de matériaux déplacés ; on employa seulement 28 wagonnets et 2 locomotives avec courant de 250 volts.

Il eût fallu 120 wagonnets et 20 chevaux pour effectuer ce travail avec un prix de revient double et une grande perte de temps.

Le journal *La Nature*, du 9 mai 1903, donne une description détaillée de cette entreprise, avec gravures explicatives et données numériques.

Transports par camions ou tracteurs automobiles. — Les camions automobiles sont à vapeur ou à moteur à essence ; ils reçoivent généralement deux caisses de forme trapézoïdale, basculant par côté, de façon à décharger automatiquement les matériaux. Un tel camion pèse à vide 3 tonnes et reçoit une charge utile de 4 à 4 tonnes 1/2 qu'il transporte à la vitesse moyenne de 8 kilomètres à l'heure ; le prix de revient de la tonne kilométrique est d'environ 0 fr. 60 non compris l'amortissement du camion ; ces camions se font aussi avec caisse en forme de tombereau basculant par l'arrière.

Les tracteurs sont à vapeur ou à moteur à essence ; ils remorquent des camions à quatre ou six roues sur lesquels sont installées les caisses de wagonnets basculantes par côté ; d'après certains constructeurs, le prix de revient de la tonne kilométrique ne serait que de 0 fr. 20 non compris l'amortissement du matériel avec traction par la vapeur ; avec moteur à essence, on ne dépasserait pas 0 fr. 30 par tonne kilométrique.

Les camions et tracteurs automobiles sont d'un emploi avantageux quand les routes sont solides malgré les rampes qu'ils gravissent facilement pourvu que leur moteur soit bien proportionné à leur vitesse.

Ils sont très employés dans les grands travaux de Paris et des environs.

Transporteurs électriques aériens. — Le système de transport des déblais par transporteur aérien est le plus rapide et le plus économique en même temps qu'il a l'avantage de ne pas encombrer le sol ; l'application de ce système aux travaux du Métropolitain place Saint-Michel, à Paris, a donné des résultats remarquables : les déblais sont remontés du fond de la fouille, transportés horizontalement sur une distance de 53 mètres à la vitesse de 3 mètres par seconde, descendus dans les chalands sur la Seine et déchargés automatiquement par des bennes de 775 litres de capacité ; on peut enlever ainsi 20 mètres cubes à l'heure. Le journal *La Nature*, du 19 mai 1906, donne une description complète de l'appareil employé dans ces importants travaux. (Système Temperley, Caillard et Cie, au Havre, concessionnaires.)

CHAPITRE VI

REMBLAIS

L'exécution des remblais demande certaines précautions relativement à la liaison des terres d'apport
avec le sol sur lequel on les charge ; pour assurer cette
liaison, on enlève, si elle en vaut la peine, la terre
végétale et on laboure la partie sur laquelle on doit
remblayer. Il faut, au fur et à mesure de l'apport des
terres fouillées, assurer le mieux possible leur tassement par l'arrosage et le pilonnage des couches
successives que l'on fait de 20 à 30 centimètres d'é-
paisseur ; le roulage à la brouette donne déjà un bon
tassement des terres, on le complète par pilonnage
ou foulage au rouleau compresseur.

Malgré ces précautions, il faut compter que les
terres se tasseront encore pendant longtemps sous
leur poids et par l'action des agents atmosphériques :
pluie, gelée, etc., aussi devra-t-on tenir le remblai
entre 5 et 10 0/0 plus élevé qu'il ne devra l'être après
tassement total. On tiendra compte ici de la nature
des déblais, de leur foisonnement plus ou moins
grand, qui a été indiqué précédemment.

Les terres déchargées sur le talus du remblai
prennent naturellement une pente qui est variable

selon la nature de ces terres, mais constante pour une même terre. On nomme *angle de talus naturel* l'angle formé avec l'horizontale par la ligne de plus grande pente du talus formé définitivement par les terres. D'après M. Al. Cordeau, cet angle est le suivant :

Pour marnes sèches à l'état naturel pesant
    1600 à 1700 kilos au mètre cube........ 38°
Pour marnes ameublies damées .... 35°
Pour marnes naturelles saturées d'eau ... 29°
Pour terres végétales sèches naturelles
    pesant 1200 à 1500 kilos au mètre cube .. 38°
Pour arènes sèches ou plus ou moins
    humides .... 35° à 31°
Pour arènes ameublies saturées et damées . 27°

Il faut remarquer que les terres vierges présentent généralement une certaine cohésion qui fait qu'elles peuvent rester momentanément sous un angle supérieur à celui qu'elles prendront par la suite sous l'influence des agents atmosphériques qui les désagrégeront.

Les données ci-dessus permettent de calculer la surface qu'occupera le pied d'un remblai dont la largeur au sommet est L et la hauteur h ; le pied aura pour largeur :

$$L + 2h \cot g \, \alpha$$

α étant l'angle formé par le talus avec l'horizontale.

Voici les valeurs de cotangente α pour les angles ci-dessous :

Cotg. 27° = 1.963
Cotg. 29° = 1.804
Cotg. 31° = 1.664
Cotg. 32° = 1.600
Cotg. 33° = 1.540
Cotg. 34° = 1.483
Cotg. 35° = 1.428
Cotg. 38° = 1.280

Réglage et soutien des talus. — Quand les apports de terre sont terminés, on nivelle et on règle la surface supérieure du remblai, ainsi que les pentes du talus qui sont fortement pilonnées et damées pour maintenir les terres à la pente déterminée. Cette pente est généralement plus grande que celle que prendrait la terre en tombant naturellement ; pour les talus non consolidés par des maçonneries elle est

Fig. 73. — Épis.

de 40 à 45° selon la résistance du terrain. On maintient les terres par des plantations d'arbustes à racines profondes, tels que le pin, l'acacia, le sureau, ou au moins par des herbages vivaces, foin ou luzerne qui s'opposent efficacement à l'entraînement des terres par les eaux.

Lorsque la pente du talus atteint plus de 45° il est nécessaire de le maçonner ; pour les pentes de 45 à 60 degrés on se contente le plus souvent de recouvrir le talus d'*épis* en pierres sèches réunis les uns aux autres par des arceaux. Les épis ont 2 à 3 mètres de largeur à la base et sont en forme de pyramide ; les arceaux ont de 4 à 15 mètres de longueur ; dans les vides entre les épis et arceaux on sème du gazon ou de la luzerne.

Pour les pentes au-dessus de 60 degrés il faut procéder à la construction de murs de soutènement calculés selon la charge des terres ; nous y reviendrons dans le volume « *Maçonneries.* »

Bibliographie : Tracé et Terrassements, par J.-L. Canaud.

CHAPITRE VII

SONDAGES

Le sondage du terrain sur lequel on veut bâtir s'impose toutes les fois que la nature du sous-sol est inconnue et surtout lorsqu'il s'agit d'élever des édifices considérables soit par leur propre poids, soit par le poids des machines ou des marchandises qu'ils devront contenir. Ayant calculé la charge que l'édifice imposera aux fondations, il faut de toute nécessité trouver une couche de terrain ou de rocher susceptible de supporter cette charge sans fléchissement ni enfoncement ; il faut en outre s'assurer que la couche solide ainsi rencontrée n'est pas superposée à d'autres couches molles ou à des cavités souterraines et qu'en ce cas son épaisseur est suffisante pour qu'elle ne s'affaisse pas sous la charge des fondations.

Le sondage du terrain en ses divers points et l'examen des roches et des terres extraites aux diverses profondeurs des trous de sonde peuvent seuls donner à cet égard des indications certaines.

Le sondage peut être pratiqué avant tout travail de fouille si l'on veut seulement reconnaître le terrain pour déterminer sa valeur au point de vue de la constructivité ; mais quand un édifice doit être élevé à une place fixée d'avance, il est préférable de commencer par faire les fouilles des caves et sous-sol et d'enlever tous les déblais qui doivent forcément disparaître : si ces fouilles ne conduisent pas à un terrain suffisamment résistant, on procédera alors à des sondages qui indiqueront à quelle profondeur les puits ou pilotis devront descendre pour trouver le terrain solide. Cette manière de procéder diminue l'importance des sondages de toute la hauteur des fouilles et économise des frais.

Enfin les sondages sont employés pour trouver l'eau en abondance dans les puits forés ou puits artésiens.

Le sondage s'opère en creusant les terres molles avec des *tarières* qui s'enfoncent par rotation à la manière d'un tire-bouchon et en pulvérisant les roches au moyen de *trépans* qui agissent par percussion. L'équipement du sondeur comporte les outils de forage proprement dits, les tiges de sonde qui se vissent successivement les unes au bout des autres pour conduire l'outil au fond du trou de sonde et enfin les engins extérieurs de manœuvre qui servent à faire tourner les tarières, à soulever et à laisser retomber les trépans et enfin à retirer les sondes.

Outils et appareils de sondages

Description des outils

d'après M. V. Portet, constructeur à Paris

Outils perforateurs. — Les outils perforateurs sont de deux sortes :

1º Les tarières agissant par rotation.

2º Les trépans agissant par percussion.

Bibliographie : *Petit traité de sondage*, par Ed. Lippmann.

1º *Tarières*. — Les tarières sont généralement employées pour le percement des terrains tendres, tels que : marnes, craie marneuse et argiles. Ces outils s'enfoncent dans le sol par leur propre poids et par le mouvement de rotation qu'on leur imprime.

Leurs formes varient suivant la nature des couches à traverser ; celles le plus généralement en usage sont les suivantes :

La tarière ouverte ordinaire, dont l'emploi est indiqué lorsqu'on rencontre des argiles sableuses et compactes.

La tarière ouverte à mouche, employée dans les argiles pures, très serrées, plastiques.

La tarière rubanée ou américaine, utilisée avec succès dans les tourbes ou lignites et pour la perforation des argiles tendres et des craies marneuses.

2º *Trépans*. — Les trépans agissent par percussion obtenue par leur chute sur le sol à perforer.

Aussi est-on obligé de donner à ce genre d'outil une forme robuste et un poids souvent considérable. Ils s'emploient dans presque toutes les natures de terrains ; mais leur usage devient absolument indispensable lorsqu'il s'agit de traverser les terrains compacts et les roches dures.

Les formes les plus répandues sont :

Le trépan plat, généralement de petit diamètre, qui sert dans les études de terrains à percer les sables durs, argiles compactes, roches tendres.

Le trépan à joues est employé principalement pour le percement des roches dures ; les joues ont pour but, par le rodage, de conserver au sondage sa forme cylindrique.

Son emploi est à recommander pour les forages dont la profondeur dépasse 40 mètres.

Le trépan à téton. — Cet outil rend de grands services pour le percement des roches dures dans les petits sondages.

Trépan à ciseau ou ciseau. — On l'emploie dans les argiles ou les marnes compactes.

Trépan à lames composées. — Lorsque le diamètre du forage atteint et dépasse 0 m. 600, on se sert du trépan à lames composées. Cet outil comprend un fût ou porte-lames dans lequel viennent s'ajuster deux ou trois lames reliées au fût par de fortes clavettes goupillées.

Sonde et outils de manœuvre. — *Tiges de sonde.* — Les tiges de sonde sont constituées par des barres de section carrée, en fer fin forgé. Elles portent à une de leurs extrémités une partie filetée (bout mâle), et de l'autre une douille creuse (bout femelle) filetée au même pas que le bout mâle.

De cette manière, le bout femelle de chaque tige vient se visser exactement sur le bout mâle de la tige suivante. Les tiges de sonde ont des dimensions différentes suivant les profondeurs à atteindre. On emploie :

La sonde de 20 millimètres pour les sondages d'études de 10 à 20 mètres de profondeur.

La sonde de 25 millimètres pour les profondeurs variant de 20 à 50 mètres.

Les sondes de 32 et 40 millimètres sont en usage pour les forages à toute profondeur.

Sonde Palissy. — Lorsqu'il s'agit de faire des recherches à des profondeurs ne dépassant pas 4 mètres dans les terrains peu résistants, on se sert d'un appareil désigné sous le nom de sonde Palissy.

Cette sonde est d'une seule pièce en fer carré de 16 millimètres. A l'une des extrémités se trouve le trépan ; à l'autre, une tarière ouverte. Le tourne-à-gauche est mobile et glisse le long de la tige de façon à pouvoir être placé à hauteur convenable pour la manœuvre.

Outils de manœuvre. — Les outils de manœuvre le plus en usage sont les suivants :

Tourne-à-gauche à dévisser : est utilisé, ainsi que son nom l'indique, à visser ou à dévisser les différentes tiges de sonde pendant la montée ou la descente des outils foreurs ou nettoyeurs.

Tourne-à-gauche simple : sert au même usage que le précédent, mais est construit de façon plus robuste. Son but principal est de serrer ou de desserrer la tige lorsqu'elle repose sur le support de sonde.

Tourne-à-gauche de manœuvre. — Cet outil a deux emplois : 1° dans la manœuvre des sondes légères ; 2° pour obtenir le déclanchement de la partie chutante de la sonde lorsqu'on emploie l'outil baïonnette.

Agrafe à œil : permet la rotation de la sonde pendant le battage.

Agrafe simple : a pour utilité de laisser reposer la sonde sur son support en un point quelconque de la tige.

Elle est encore employée pour soutenir le tourne-à-gauche pendant le rodage du trou de sonde.

Agrafe de relevée : est la pièce sur laquelle repose la sonde pour la descente et la montée des outils. Elle est à touret, de façon qu'elle puisse prendre toutes les positions de la sonde sans tendre la chaîne qui la relie au treuil.

Tête de sonde. — La tête de sonde est un emman-

Appareils de sondage

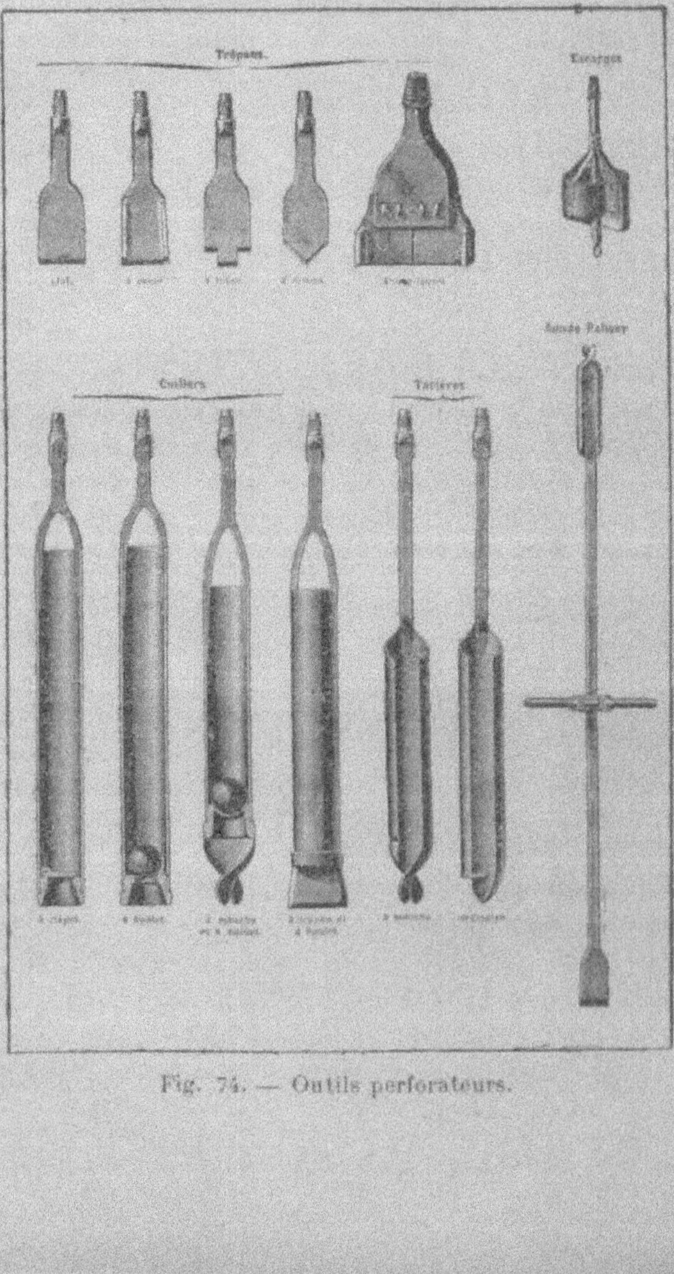

Fig. 74. — Outils perforateurs.

Appareils de sondage

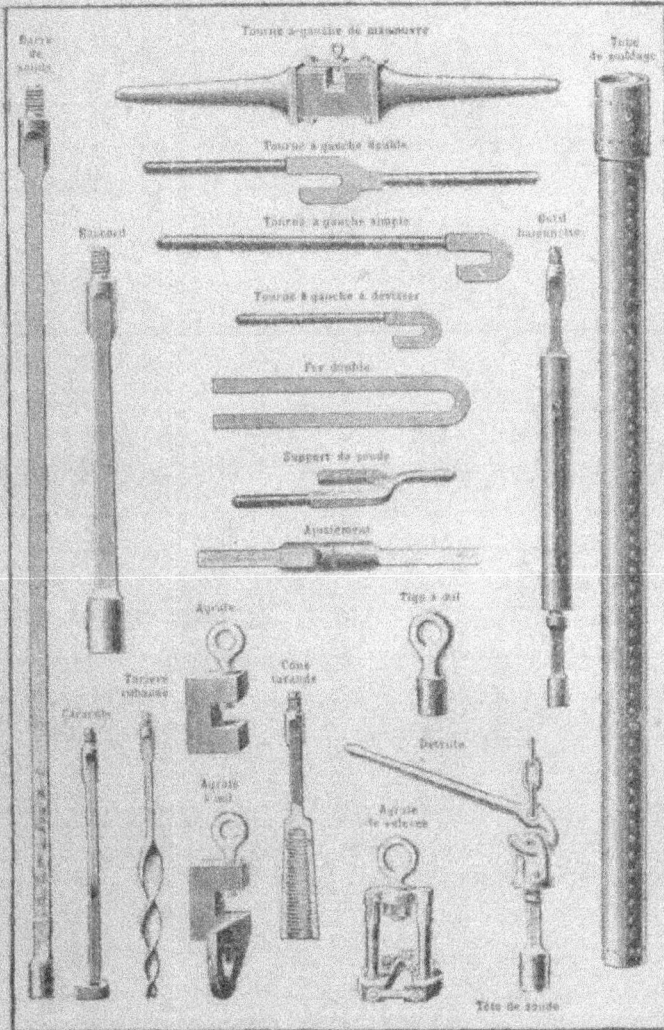

Fig. 75. — Appareils de manœuvre.

chement à douille portant un anneau tournant très
solide, à l'aide duquel on rattache la sonde au crochet
ou à la chaine de manœuvre.

Elle est employée pour les sondes de 20 et de 25 millimètres.

Tige à œil. — Pour fixer à la chaine les sondes de
32 et de 40 millimètres, on remplace la tête de sonde
ordinaire par la tige à œil d'une seule pièce.

Outil-baïonnette. — On a remarqué, lorsque la sonde
atteignait une grande profondeur, que la réaction du
choc du trépan sur les roches occasionnait des ruptures fréquentes. Pour éviter, autant que possible,
ces accidents toujours graves, on emploie aujourd'hui
l'outil-baïonnette. Au moyen de cet appareil, la
sonde est divisée en deux parties :

La première est reliée directement à un balancier
actionnant le système.

La deuxième porte le trépan et un poids de tige
suffisant pour assurer le percement.

L'outil-baïonnette se compose essentiellement d'un
cylindre en acier relié à la première partie de la sonde,
portant une rainure longitudinale avec encoches ;
dans ce cylindre se meut une pièce cylindrique fixée
directement sur la deuxième partie de la sonde sup-
portant le trépan ; cette pièce reçoit une clavette
qui glisse dans la rainure.

Pour la manœuvre, on descend tout l'ensemble, la
clavette étant dans l'encoche inférieure, on laisse
reposer le trépan au fond du sondage. En agissant
légèrement à gauche avec le tourne-à-gauche, le
cylindre glisse et la clavette, suivant la rainure
longitudinale, vient se placer sur l'encoche supérieure.

En relevant avec le balancier on obtient la montée

du trépan que l'on déclanche à hauteur convenable par un léger mouvement à droite.

Cet outil peu encombrant et de manœuvre facile rend de très grands services.

Outils de nettoyage de forage. — Pour retirer du forage les matériaux broyés par les chutes successives du trépan, on emploie des appareils désignés sous le nom de cuillers.

Ce sont des tubes robustes munis, à leur base, de soupapes planes ou sphériques.

Cuiller à clapet. — Cette cuiller sert à l'enlèvement des marnes, vases et débris rocheux triturés par le trépan. Elle agit par percussion. Pendant la chute, la soupape s'ouvre et laisse pénétrer les déblais qui agissent par leur poids et referment la soupape ; on enlève la cuiller et les matériaux emprisonnés dans le tube sont amenés au sol.

Cuiller à boulet : est utilisée dans les sables meubles.

Cuiller à boulet et ciseau : est employée au percement et à l'enlèvement simultanés des sables fermes.

Escargot. — Cet outil, de forme bizarre, donne de bons résultats pour l'extraction des gros sables et des graviers de rivière.

Outils raccrocheurs. — Les accidents qui se produisent le plus fréquemment dans les travaux de forage sont les ruptures de sondes. Pour retirer la pièce engagée dans le forage on se sert des outils suivants :

Caracole. — Lorsqu'à la suite d'une rupture de sonde, l'outil n'est engagé que par son propre poids, on emploie la caracole. La figure 75 donne une indication suffisante de l'outil.

Cône taraudé. — Est composé d'une douille conique taraudée.

Pour la manœuvre, on descend la douille de manière à coiffer la pièce à retirer, puis on taraude doucement. On bande légèrement la sonde pour s'assurer que le filet se forme et quand on estime que le taraudage est suffisant on retire l'outil à la main ou à l'aide de vérins si la pièce engagée est trop pesante.

Appareils de sondage démontables. — *Appareil pour sondages de 20 à 30 mètres.* — Cet appareil démontable, très léger et facilement transportable, se compose d'une chèvre en fer de 4 m. 50, portant à sa partie supérieure une poulie sur laquelle passe la chaine servant à manœuvrer la sonde. Un tambour avec rochet et manivelles est fixé sur les traverses horizontales de la chèvre (fig. 76).

Fig. 76.

Appareil pour sondages de 50 à 100 mètres. — Au delà de 50 mètres de profondeur, il est nécessaire

d'employer des outils plus robustes ; et, par suite
de l'augmentation du poids de la sonde, les efforts
deviennent plus considérables. On construit pour
ce genre de travail une chèvre en fer très résistante ayant une hauteur de 6 m. 50, ce qui permet
l'emploi de barres de sonde de 4 mètres.

Fig. 77 et 78.

Un treuil à tambour à double engrenage, grande
et petite vitesse, est fixé sur les traverses horizontales reliées solidement aux montants de la chèvre.

Un frein puissant est établi sur une poulie calée
sur l'arbre du tambour d'enroulement (fig. 77 et 78).

Pour la marche à vapeur, deux poulies, l'une fixe,
l'autre folle, sont placées sur l'arbre de commande
des manivelles.

Appareil pour sondages profonds. — Lorsque le
forage doit atteindre de grandes profondeurs, l'emploi de dispositions spéciales devient indispensable
pour assurer la rapidité d'exécution des travaux.

En ce cas, l'appareil se compose :

1º D'un pylône en fer, démontable, de 15 mètres de hauteur, permettant de relever des barres de sonde de 12 mètres ;

Fig. 79.

2º D'un treuil à tambour commandé directement par l'arbre portant le plateau-manivelle ; ce treuil sert à la manœuvre de descente et de relevée du trépan ;

3º D'un plateau manivelle avec son arbre de commande actionné directement par un moteur à l'aide d'une poulie calée sur l'arbre ;

4º D'un balancier avec sa bielle, donnant à la sonde un mouvement rapide pour le battage ;

5º D'un treuil à tambour indépendant avec frein, actionnant le câble servant à la manœuvre des outils de nettoyage.

Cet appareil ainsi disposé permet d'exécuter, dans les meilleures conditions de rapidité, tout forage à grande profondeur, de diamètre variant de 0 m. 20 à 0 m. 60.

Diamètres des séries d'outillage courant.

DIAMÈTRES intérieurs DES TUBES	DIAMÈTRES CORRESPONDANTS DES TRÉPANS	DIAMÈTRES des CUILLERS
1^{m}082	1^{m}065	
0,982	0,965	
0,885	0,870	
0,885	0,870	0^{m}651
0,795	0,780	
0,709	0,695	
0,628	0,615	0,550
0,552	0,540	0,460
0,480	0,470	0,370
0,415	0,405	0,370
0,355	0,345	0,320
0,300	0,290	0,270
0,248	0,240	0,220
0,202	0,195	0,175
0,161	0,155	0,140
0,125	0,120	0,104
0,075	0,690	0,093

CHAPITRE VIII

FONDATIONS

La construction d'un ouvrage ne soulève point de question plus importante et plus délicate que celle des fondations, puisque la stabilité de tout l'édifice en dépend.

Nous considérerons trois cas : 1º la fouille pratiquée pour l'établissement des caves ou sous-sols a conduit à un terrain solide, roc, tuf, marne, argile sèche, sol pierreux, sable non mouillé et non boulant ; 2º on se trouve en présence d'un terrain compressible ; 3º il faut fonder sous l'eau ou dans un terrain aquifère.

Fondation sur terrain solide. — La fondation est ici très simple et n'est que le prolongement inférieur des murs du bâtiment. Elle peut être établie à la surface même du sol en y pratiquant une *rigole* fortement damée et pilonnée d'environ 0 m. 30 de profondeur afin d'éviter le glissement du pied du mur et d'en garantir la base contre la désagrégation du sol résultant des actions extérieures et de l'atmosphère.

Si l'on fonde sur le rocher ou tuf, il faut creuser

l'assiette de fondation à *contre-pente* de la pente générale de la surface du roc, aussi afin d'éviter le glissement de la fondation.

La fondation peut être entièrement de niveau ou
bien procéder par une succession de gradins horizontaux si la surface du sol est très inégale.

Les matériaux de fondation doivent pouvoir
résister à l'humidité et à la gelée, on choisira pour

Fig. 80.

cela des moellons ou pierres dures non friables ni
gélives, des meulières ou des briques bien cuites ; la
maçonnerie est faite avec du mortier de chaux hydraulique ou de ciment Portland.

Généralement on fait la fondation un peu plus
large que le mur hors du sol, c'est-à-dire avec un léger
empattement de 0 m. 05 ou 0 m. 10 de chaque côté du
mur, ce qui répartit la charge et évite tout porte à
faux. On emploie de préférence des *libages* ou larges
pierres dressées seulement et grossièrement sur leurs
faces horizontales. Le fond de la fouille étant bien
dressé et pilonné on place un lit de mortier puis un
ou plusieurs rangs de fort *libages* épais, chaînés
et croisés ensemble et garnis de mortier à leurs joints.

Les libages sont pilonnés afin d'assurer la compression et la pénétration du mortier dans tous les joints.

Dans les pays où la pierre est rare on a recours au béton comprimé ou mieux encore au béton armé qui procure généralement une économie et donne d'excellentes fondations en formant un empattement continu et bien lié sous l'ensemble des murs de la construction.

Le béton est comprimé dans une *rigole* assez profonde ou entre des formes en palplanches convenablement établies.

Dans les terrains sablonneux ou graveleux il faut descendre jusqu'au sol vierge et s'assurer que ces terrains ne sont pas susceptibles d'être entraînés par des infiltrations d'eau. Il faudrait alors s'opposer à cet entraînement soit par des murs de garde en maçonnerie ou des encaissements en charpente, soit par un drainage qui entraînerait à l'opposé les eaux d'infiltration.

Fondation en terrains inconsistants. — Nous devons à la *Société de Fondations par Compression mécanique du sol*, l'intéressante étude qui suit :

Les systèmes de fondation que l'on trouve exposés dans les traités de construction sont en si grand nombre, qu'il semble que l'on n'ait que l'embarras du choix ; mais chacun d'eux ne bénéficie pleinement de tous ses avantages, en réalité, que lorsqu'on l'applique dans les circonstances particulières qui l'ont fait imaginer. Le constructeur ne doit se décider, pour l'un ou pour l'autre, qu'après un examen attentif de chaque cas nouveau qui se présente à lui, tant en ce qui concerne la structure de l'ouvrage et la répartition des charges, qu'en ce qui regarde la nature du terrain lui-même ; et, même alors, on ne saurait assurer qu'il échappera toujours à toute perplexité au sujet de la meilleure solution que comporte le problème.

Cette hésitation sera surtout très grande s'il s'agit de s'établir sur un terrain inconsistant ; or c'est le cas le plus général des ouvrages d'art fondés dans les vallées, dans les cours d'eau ou sur leurs berges et au bord de la mer ; c'est aussi le cas des bâtiments reposant sur les terrains d'apport qui constituent le plus souvent le sous-sol des grandes villes, remanié par le travail incessant de l'homme à travers les siècles. Il suffirait, pour exemple, de citer Paris où des quartiers tout entiers s'étendent au-dessus d'anciennes carrières mal remblayées au moyen des déchets provenant de démolitions ou de déblais de fouilles nouvelles.

Étude du sous-sol. Sondages. — On conçoit, par conséquent, qu'il n'est pas de nécessité plus impérieuse que de procéder, avant tout, à une étude complète du terrain sur lequel on doit s'établir.

Cette étude se fait au moyen de *sondages*, dont la profondeur varie suivant que l'on rencontre plus ou moins loin une couche présentant les conditions de résistance que l'on a jugées nécessaires.

Pour une profondeur de quelques mètres, on se contentera de creuser, à ciel ouvert, un puits sommairement boisé, dont l'accès facile permet d'examiner *de visu* la succession des couches du terrain et leur nature ; mais, pour de grandes profondeurs, ou lorsqu'on opère sous l'eau, il devient nécessaire de pratiquer un trou de sondage d'assez faible diamètre au moyen d'appareils spéciaux, que nous n'avons pas à décrire ici, et dont l'outil ramène successivement des échantillons des terrains traversés.

On ne saurait se contenter d'atteindre une couche dont la nature offre des garanties pour le bon établissement de la fondation : il faut pousser encore le sondage plus loin, afin de s'assurer que l'épaisseur de la couche est suffisante et que celle-ci ne constitue pas une simpe croûte superposée à des terrains fluents ou affouillables.

Détermination de la résistance. — La charge réduite au centimètre carré est celle qu'on peut faire utilement supporter à un terrain en chargeant, après décapement, une surface déterminée, d'un poids également déterminé.

Fig. 81.

(Pour apprécier cet enfoncement, on dispose sur le sol une plateforme de plateaux en bois assemblés par des traverses et on la charge de pierres dont on augmente la quantité en déposant sur les premières assises un large plateau de chargement, comme le montre le croquis ci-de s s. On pèse la quantité des matériaux lorsque la plat forme s'est enfoncée quelque peu dans le sol, ce qui donne par un calcul simple la résistance du sol par centimètres carrés. Dans son traité des Constructions civiles, M. Barberot conseille d'employer pour cet essai une plateforme munie de 4 pieds, dont on connaît la surface d'appui s; elle appuie donc sur le sol par une surface de $4s$ et la charge par centimètre carré est $\dfrac{P}{4s}$).

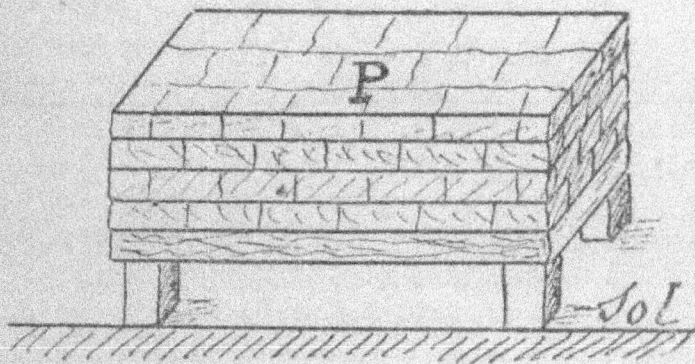

Fig. 82.

L'enfoncement observé permettra de calculer la résistance offerte par ce terrain.

Lorsqu'une expérience directe n'est pas possible, — par exemple au fond d'un sondage étroit, — on peut évaluer la résistance d'un terrain par centimètre carré en prenant pour base les chiffres suivants (1) :

0 kil. 500 sur les vases et argiles molles (au maximum).
2 à 3 kil. sur les terres argileuses et argiles sableuses.
2 à 6 kil. sur les sables et graviers anciens, argiles compactes, argiles plastiques.

(1) *Procédés généraux de construction des travaux d'art, A. de Préaudeau.* — Nous faisons remarquer toutefois que ces chiffres indiquent des résistances de terrains généralement supérieures à celles qu'il est prudent de considérer dans la pratique.

6 à 10 kil., et même plus, sur les roches compactes et continues, dont la résistance est souvent supérieure à celle de la maçonnerie superposée ; c'est alors la résistance de la maçonnerie qui limite la pression admissible. Avec la maçonnerie de ciment, on peut aller jusqu'à 15 et même 25 kilog.

Il y a lieu de déterminer les raisons de l'inconsistance du terrain. Parfois il est possible, en effet, d'y porter remède et de la faire disparaître en en supprimant la cause.

La présence de l'eau, en particulier, modifie, dans de larges limites, la compressibilité du sol et il suffit alors d'assurer l'écoulement de l'eau par un drainage convenable pour obtenir la résistance nécessaire à l'établissement de la fondation.

Tel est le cas des argiles et des marnes qui peuvent aisément porter de 4 à 5 kilogrammes par centimètre carré lorsqu'elles ne sont exposées ni à l'air, ni à l'eau courante, et qui deviennent au contraire plastiques et surtout glissantes lorsqu'elles sont mouillées.

Le sable boulant lui-même peut être amélioré par l'assèchement. Toutefois, les circonstances locales permettent bien rarement un pareil travail.

Les procédés qui vont être exposés s'appliquent aux divers cas où la fondation doit être établie, soit sur un terrain de faible résistance, soit à travers des couches inconsistantes sur une grande profondeur.

Suivant la nature du terrain, suivant aussi que l'on opère à sec ou dans l'eau, les principales méthodes sont les suivantes :

a) Fondations par murs continus avec empattements en maçonnerie ou en béton armé ;

b) Radiers de répartition, en voûtes renversées, en grils de charpente ou de rails, en béton armé ; radiers de sable.

c) Fondations sur puits isolés, creusés et remplis de béton à la main ; puits sur rouets descendants.

d) Fondations à l'air comprimé.

e) Pilotis en bois.

f) Pieux en béton armé.

g) Fondations par compression mécanique du sol.

a) *Fondations par murs continus avec empattements.* — Lorsqu'il s'agit de fonder à faible profondeur, sur un sol peu consistant, mais inaffouillable, la solution la plus simple consiste à faire reposer les murs sur une fondation continue, assez large pour que la pression transmise au terrain ne dépasse pas la limite admise par centimètre carré.

On nomme empattement la quantité dont le massif de fondation déborde le nu du mur de part et d'autre.

(Il est prudent de ne charger un sol compressible qu'au dixième de la charge d'essai qui a produit une dépression. Si, par exemple, cette charge est évaluée à 12 kilos par centimètre carré et que l'on doive élever un mur de vingt mètres de hauteur, on calculera ainsi la surface de l'empattement nécessaire.

Poids d'un mètre carré de mur sur 20 mètres de hauteur

$$20 \times 2200 \text{ (densité du mur)} = 4400 \text{ kilos.}$$

soit par centimètre carré $\dfrac{44000}{10000} = 4 \text{ kil. } 400$

La charge de sécurité du terrain n'étant que de 1 kil. 200, l'empattement devra avoir une surface de $\dfrac{4.400}{1.200} = 3$ mq. 65 par mètre carré de section moyenne du mur à édifier. Si cette section moyenne calculée sur toute la hauteur du mur est de 0 m. 40, l'empattement de fondation devra donc avoir une largeur de 3 m. 65 × 0 m. 40 = 1 m. 460 à son appui sur le sol compressible. R. C.).

La hauteur de la fondation doit être en rapport avec

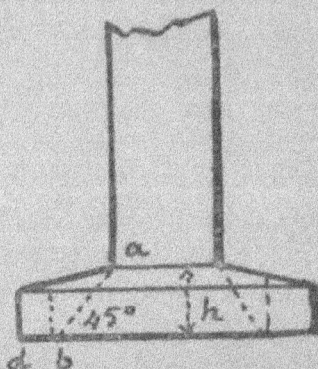

Fig. 83.

l'empattement, pour éviter la rupture en *ab*, par l'effet de la réaction du sol (fig. 83).

On serait ainsi conduit parfois à des hauteurs con-

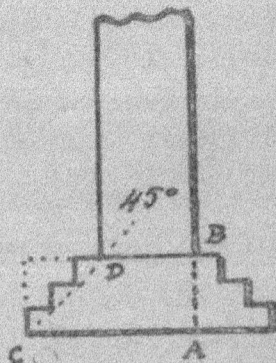

Fig. 84.

sidérables et il est avantageux d'alléger le massif en le taillant en gradins, au-dessus d'un parement théorique *cd*, tracé à 45° (fig. 84).

Malgré ce correctif, la disposition précédente oblige

à approfondir certaines fondations d'une façon considérable et entraîne, par suite, un cube exagéré de maçonnerie ou de béton.

On peut obvier à cet inconvénient par l'emploi d'une fondation en béton armé, constituant une semelle de répartition aussi large qu'il est nécessaire et d'une épaisseur très réduite.

Si l'on admet que la compression due au poids de la construction se transmet à 45° dans le massif, on remarque que le bec *db* de l'empattement sera uniquement sollicité par la réaction du sol ; il éprouve donc un effort de flexion auquel la maçonnerie ordinaire ne peut guère résister, et auquel se prête parfaitement au contraire le béton armé, par sa nature même.

C'est ainsi que, dans certaines constructions existantes du système Hennebique, nous relevons des empattements de 2,95 pour une épaisseur totale de 0,30 seulement.

(b) *Radiers de répartition*. — Lorsque la construction est particulièrement lourde et le terrain trop inconsistant, les empattements nécessaires doivent avoir une telle dimension qu'il vaut mieux relier les fondations des divers murs les unes aux autres, et en faire un radier général, répartissant l'ensemble de la charge totale sur la surface totale d'occupation.

Toutefois, il est nécessaire de remarquer que les poids sont loin d'être uniformément répartis par les murs et que, par suite, cette vaste plate-forme, sous peine de se fissurer elle-même, doit être élastique ou présenter une grande épaisseur.

Cette dernière condition s'impose si le radier est simplement constitué par un massif de béton ordinaire.

On peut aussi constituer une plate-forme générale en charpente, ou un gril en rails, comme le font les Américains pour l'érection des immeubles gigan-

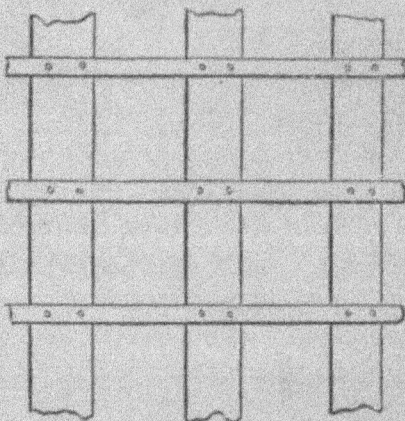

Fig. 85. — Fondation sur racineaux.

tesques de leurs grandes villes. Mais ce moyen ne saurait être conseillé chez nous (1).

On peut également disposer le radier en forme de voûte renversée, de manière à rejeter vers les murs les résultantes des sous-pressions du terrain (fig. 86).

(1) C'est, perfectionné, le procédé de fondation sur *racineaux* ; les racineaux sont constitués par des empattements de grande surface formés de madriers de chêne de 0 m. 30 sur 0 m. 12 assemblés et chevillés ensemble par des traverses de 0 m. 085. On laisse 0 m. 80 à 1 m. 20 d'axe en axe entre chaque madrier. On forme aussi une sorte de grillage que l'on noie dans un épais béton de cailloux et ciment.

Les racineaux sont généralement posés sur des pieux battus dans le sol compressible et ils sont assemblés à tenon et mortaise ou par chevilles sur la tête des pieux.

Il faut consolider d'abord le sol compressible en y enfonçant des pieux, des roches, des cailloux, puis répartir la charge uniformément sur la plus grande surface possible tout en donnant à la fondation une liaison générale et aussi solide qu'on le peut. Il est nécessaire de charger également, pendant la durée de la construction du gros œuvre, toute la surface de la fondation, de manière que l'enfoncement se fasse également, s'il doit se produire.

R. C.

Enfin, dans certains cas, on a trouvé une solution
économique du problème dans l'établissement d'un
radier général en sable, tassé par couches successives

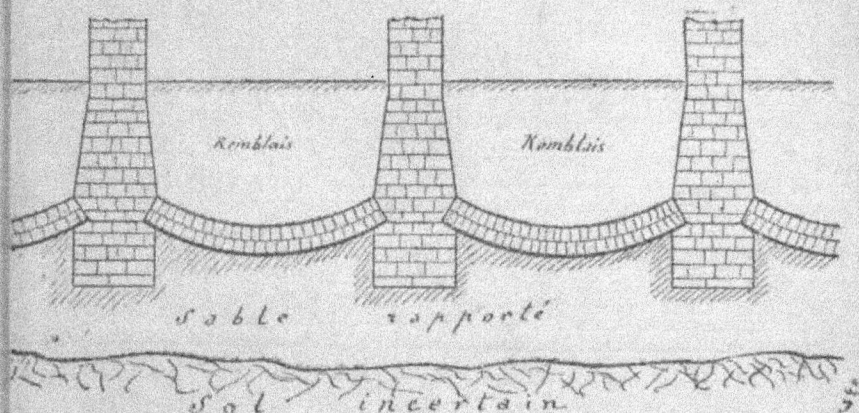

Fig. 86.

sur une épaisseur totale d'environ 2 mètres. La répartition des charges se fait à 45° dans le sable tassé ; il
conviendra donc de faire déborder le radier d'une
largeur égale à son épaisseur tout autour de la construction qu'il supporte. Il est nécessaire de maintenir le sable dans un encaissement de briques.

Ces divers procédés demandent des épaisseurs
d'autant plus considérables qu'il est impossible de
connaître la limite exacte de résistance du terrain,
cette résistance d'ailleurs, sur une grande étendue,
pouvant varier beaucoup. *Ces épaisseurs exagérées
de maçonneries apportent elles-mêmes un surcroît de
charge que le sol inconsistant peut malaisément supporter, et, alors même qu'il n'y aurait pas de tassements
inégaux et de ruptures fâcheuses, on doit toujours redouter un tassement général de la construction et un
dénivellement anormal.*

L'introduction du béton armé dans les méthodes

de construction permet d'obvier à ces inconvénients et fournit un procédé aussi simple qu'économique pour la constitution d'un radier général d'épaisseur très réduite.

Beaucoup plus légers que les précédents, les radiers en béton armé sont aussi beaucoup plus rigides, grâce à leur élasticité. Un tel radier, bien calculé, résistera, sans se fissurer, aux charges les plus inégalement réparties.

c) *Fondations sur puits isolés*. — Lorsque l'ouvrage est très lourd et que l'on juge nécessaire d'aller chercher très loin une couche assez résistante pour le supporter, il devient impossible de descendre aussi profondément des fondations en murs continus et l'on se résout à asseoir la construction sur une série de piliers dont la section totale doit être suffisante pour ne pas faire supporter au terrain consistant une pression trop considérable.

Ce mode de fondation a été appliqué notamment à la basilique de Montmartre, dont le sous-sol, criblé d'anciennes carrières, pouvait faire concevoir des craintes sérieuses.

Les puits peuvent être foncés par la méthode courante. La fouille ronde ou carrée, selon le cas, présente, au minimum, 1 m. 10 ou 1 m. 20 de diamètre ou de côté. Elle est descendue de proche en proche, à la pelle et à la pioche, en ayant soin de coffrer avec plus ou moins de soin, suivant la nature des couches traversées. Si l'on est exposé à rencontrer des veines d'infiltration ou une nappe aquifère, des épuisements et un boisage important deviennent indispensables et rendent le procédé à la fois très coûteux, peu sûr et dangereux pour les ouvriers qui ont à travailler à fond de puits, où ils ont à craindre non seulement des éboulements, mais encore des émanations délétères qui font si souvent des victimes parmi les puisatiers.

On peut alors améliorer le procédé par la méthode des *puits sur rouets descendants*, où le fonçage est constamment protégé par un véritable tubage en tôle ou en maçonnerie.

Le *rouet* consiste en une couronne très solide en charpente ou en métal, du diamètre du puits, sur laquelle on construit la maçonnerie qui doit constituer les parois du puits ; au fur et à mesure que les ouvriers creusent le sol au-dessous du *rouet*, celui-ci descend sous l'influence du poids de la maçonnerie qui le surmonte.

Nous reviendrons sur ce procédé à propos du creusage des puits pour l'eau d'alimentation.

Cette méthode se prête à l'emploi de l'air comprimé qui devient nécessaire lorsqu'on traverse une nappe aquifère abondante.

Le remplissage des puits se fait par un bétonnage à la main. On se contente souvent de jeter le béton de chaux, par brouettées, à l'orifice du puits, sans le pilonner, malgré ce que présente de défectueux un pareil système, où les éléments du béton se séparent sous l'effet de la gravité et des heurts contre les parois. Si, au contraire, on confie aux ouvriers du fond le soin de régler le béton et de le pilonner, il est impossible d'exercer aucun contrôle sur leur travail, et il en résulte une certaine insécurité.

L'irrégularité dans la confection des piliers peut avoir des conséquences d'autant plus graves que leur surcharge est souvent considérable. Les puits, dont la section horizontale dépasse rarement 1 mètre carré, sont ordinairement espacés de 4 à 5 mètres. Si l'on remarque qu'une maison de six étages charge communément le mur de fondation de 25 à 30 tonnes par mètre courant de mur, on voit qu'il en résulte, pour chaque puits, une charge de 120 à 150 tonnes, soit 12 à 15 kilogs et même davantage par centimètre carré, ce qui est excessif et nécessite, tout au moins pour le bétonnage, un soin tout particulier.

En outre, pour peu que le puits ait lui-même 8 mètres de profondeur, la charge sur la base se trouve augmentée de 18.000 kilogs environ, représentant le poids propre du béton remplissant le puits.

On conçoit que le terrain sous-jacent (à moins que l'on ne compte sur le frottement latéral de la colonne de béton), doit être exceptionnellement résistant pour supporter une pareille charge. Le sable lui-même subirait un léger tassement, et l'on peut se demander ce qu'il adviendrait sur de la marne plus ou moins compacte, sur du tuf plus ou moins résistant.

Il ne faut donc pas s'étonner si, avec de pareilles fondations, même faites consciencieusement, on a au moment où la charge se fait sentir sur les points d'appui, des « prises de contact » de 2, 3, 4 centimètres et plus encore.

Le prix de revient de ce genre de fondations est fort élevé, surtout si des difficultés imprévues surgissent : si l'on rencontre, par exemple, des couches aquifères, des terrains ébouleux ; s'il y a des émanations délétères, etc.

Voici un aperçu du *prix de revient* d'un puits ordinaire, fouillé à la main et rempli en béton de cailloux et mortier de chaux hydraulique.

Cas d'un terrain d'alluvion ou ébouleux noyé sur les deux tiers de la hauteur.

Fouille de puits, compris blindage en voliges et cercles de fer,

avec chargement en tombereau, transport et enlèvement des
terres et gravois aux décharges publiques.

Diamètre du puits 1 m. 50. — Section 1mq 75. — Sur 7 m. de profondeur, soit un cube de (A) ..... 12 mc. 250
Plus-value pour travail exécuté dans
l'eau sur les 2/3 du cube 8.170
à 1/2 (B) .... 4 mc. 085

Ensemble......... 16 mc. 335

à 12 fr. 20 le mètre cube 199 29
Remplissage du puits en béton de cailloux et mortier
de chaux hydraulique de Beffes ou similaires.

Le cube (A) ci-dessus 12 mc. 250 à 20 fr. 50 le mc.. 248 68
Plus-value pour travail exécuté dans l'eau.

Le cube (B) ci-dessus, 4,085 à 2 fr. le mc. 8 17
Épuisement de l'eau au moyen d'une pompe de 0 m. 10
de diamètre avec ses tuyaux, compris location,
pose, dépose et entretien, pendant 5 journées à
2 fr. l'une .... 10 »
Double transport, aller et retour de la pompe et de ses
tuyaux .... 5 »

Manœuvre de ladite pompe sans inter-
ruption, à 4 puisatiers, ci 4
et 2 aides puisatiers au repos pour relais 2

6

pendant chacun 5 journées = 30 journées
à 7 fr. 50 l'une .... 219 »

Total 690 14

Le prix d'un puits ordinaire, fouillé dans la terre
glaise, serait le même, par suite des étaiements
nécessaires, mais l'on verrait que, dans un terrain
ordinaire non immergé, la dépense s'abaisserait à
388 fr. 33, prix encore très considérable.

Il est à remarquer d'ailleurs que, dans ces estima-
tions, nous n'avons nullement fait entrer en ligne
de compte les étaiements spéciaux et coûteux qu'en-
traineraient de grandes profondeurs, ni les frais

(1) Les prix indiqués sont ceux pratiqués à Paris.

d'aérage et de ventilation, tous éléments qui viennent le plus souvent majorer les prix de base, dans des proportions aussi exorbitantes qu'imprévues.

Les puits une fois remplis de béton sont réunis entre eux par des voûtes en maçonnerie sur lesquelles on construit les murs du bâtiment. Ces voûtes sont maçonnées directement sur le terrain que l'on taille en forme de cintre de façon à éviter les frais qu'occasionnerait un cintrage en bois (fig. 87).

Fig. 87.

d) *Fondations à l'air comprimé*. — Le procédé de fondation à l'air comprimé n'est qu'une extension de la méthode des rouets descendants, où l'on assèche la fouille, non plus par des épuisements qui deviendraient impossibles lorsqu'on travaille dans une nappe indéfinie, mais en refoulant l'eau par dessous la tranche inférieure du rouet.

A cet effet, la colonne creuse surmontant le rouet, dans le cas des fondations tubulaires qui sont le type primitif de ce genre de fondation, ou le caisson polygonal lorsqu'il s'agit de la plupart des ouvrages actuels, sont surmontés d'un ou plusieurs sas à air permettant d'en fermer hermétiquement la partie supérieure (fig. 88).

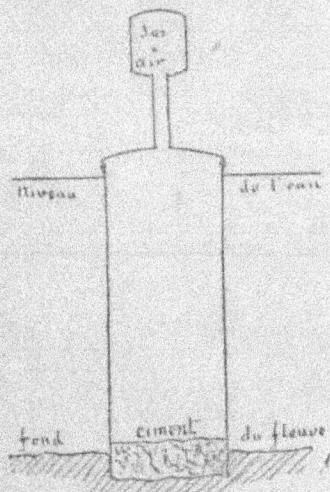

Fig. 88.

On constitue ainsi un vase clos dans lequel on peut comprimer l'air à une pression suffisante pour abaisser le niveau de l'eau jusqu'à la tranche inférieure du couteau pénétrant dans le sol.

Afin de réduire la capacité du vase clos et la quantité d'air qu'il est nécessaire de comprimer, on abaisse généralement le plafond obturateur jusqu'à 1 m. 80 ou 2 mètres au-dessus du couteau, et l'on constitue ainsi une *chambre de travail*, où l'on fait pénétrer les ouvriers et les matériaux par les *sas à air* mis, alternativement et dans le sens convenable, en communication avec l'air libre et avec la capacité intérieure (fig. 89).

Une étude complète de cette méthode de travail

nous entraînerait beaucoup plus loin et nous renvoyons aux ouvrages spéciaux qui ont traité ce

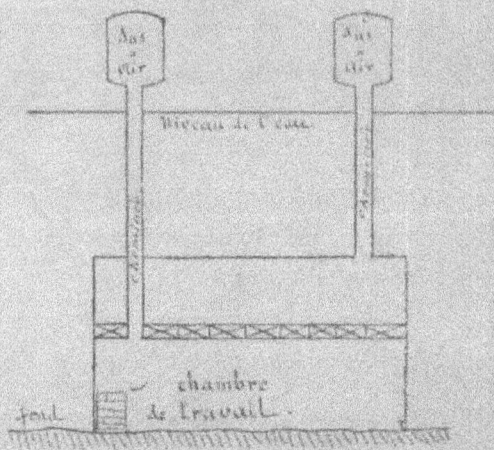

Fig. 89.

sujet si vaste avec tous les développements qu'il comporte.

Il nous suffira de faire ressortir quelques-uns des avantages et des inconvénients de ce mode de fondation, si remarquable d'ailleurs et qui, seul, a rendu possible d'admirables ouvrages à la mer ou en rivière, tels que l'établissement du Forth et tant d'autres travaux considérables.

Aucun autre procédé ne permettrait de fonder un ouvrage par des fonds de 20 à 30 mètres et, sans même aller jusque-là, on peut dire que l'emploi de l'air comprimé présente une économie notable sur les procédés usuels d'épuisement, pour tous les travaux par havage direct dont l'importance justifie un outillage considérable et coûteux, il est vrai.

D'autre part, ce coût de l'outillage est un obstacle lorsqu'il s'agit d'un ouvrage d'importance minime et même moyenne. Le travail des ouvriers au fond

est difficile à surveiller. Il se fait dans de mauvaises
conditions hygiéniques et exige un éclairage artificiel presque toujours insuffisant pour assurer un
bon rendement. Le remplissage final en béton de la
chambre de travail et des cheminées ménagées
jusqu'à la fin, est difficile à réaliser d'une façon
complète et à surveiller. Enfin, on n'y peut employer que des ouvriers d'une constitution robuste ;
la sortie du sas ne doit se faire que lentement et la
très longue période de décompression, qui peut seule
éviter les accidents, constitue une perte de temps
considérable.

La limite de pression que les hommes peuvent
supporter est celle de 50 mètres d'eau et le rendement
du travail exécuté à cette profondeur est alors très
réduit.

Sous ces réserves, voici quelques prix de revient
indiqués par M. l'Ingénieur en chef de Préaudeau (1).

Dépense d'une pile des ponts

	de Kehl sur le Rhin	de Nantes sur la Loire	de Brooklyn à New-York
Dépense totale.........	500.000	90.000	3.307.000
Section horizontale du massif.............	122mc.	49mq.	1.340m
Profondeur de fondation	20m.	17m.	18m
Cube du massif	2.440 mc	853mc	24.120mc.
Prix de revient par mc..	205	108	137

On aura toujours le plus grand avantage à constituer la chambre de travail en béton armé. Le système Hennebique s'y prête tout particulièrement et
l'on peut prévoir des applications de plus en plus
nombreuses dans cet ordre de travaux.

(1) Préaudeau et Pontzen — Travaux d'art.

8

e) Pilotis en bois. — Les pilotis en bois ont été employés de tout temps pour fonder sous l'eau ou dans des sols aquifères. On en employait rarement d'autres avant l'emploi de l'air comprimé lorsqu'il s'agissait de fonder un ouvrage d'art en rivière.

Les pilotis ont le grand avantage de permettre d'aller chercher un appui sur le terrain résistant, à travers les couches inconsistantes et même à travers les nappes d'eau, sans obliger à aucun travail de fouille et de terrassement.

Les pilotis sont en bois de bout, *chêne* ou *sapin*, quelquefois en *châtaignier* ou en *aulne*. Leur emploi est fondé sur cette propriété qu'a le bois de se conserver longtemps dans la terre ou l'eau, *pourvu qu'il soit à l'abri de l'air*. Il faut bien dire d'ailleurs que cette propriété n'est pas absolue.

L'équarrissage du pilot dépend de sa longueur. Il faut qu'il soit suffisant pour que la pièce, maintenue, il est vrai, par la résistance latérale du sol, ne flambe pas pendant le battage.

Pour des longueurs inférieures à 10 mètres, on peut admettre que le rapport de la longueur au diamètre (ou au côté) doit varier entre 24 et 30.

Au-dessus de 10 mètres, on prend d'ordinaire les gros échantillons du commerce, c'est-à-dire des bois de 0 m. 35 (1).

La distance des pilots d'axe en axe ne doit pas être inférieure à 0 m. 80, afin que la compression du sol ne rende pas trop difficile la pénétration jusqu'au terrain solide.

La durée des pilots soumis à des alternatives d'im-

(1) Lorsqu'un pilotis est enfoncé en partie et qu'on s'aperçoit qu'il n'est pas assez long, on le rallonge au moyen d'un bois de même grosseur maintenu sur la tête du pilotis primitif au moyen d'une large frette en fer et d'un goujon en fer posé au centre des deux pieux à rassembler.

mersion et d'émersion varie entre 12 et 20 ans suivant l'essence du bois. A cet égard, nous citerons l'exemple du pont qui a remplacé, *il y a environ 16 ans*, le pont suspendu de Rouen. La culée de gauche de ce pont, fondée sur pilotis, s'est affaissée; le tablier et le garde-corps se sont déformés et cassés, et les trottoirs avoisinants ont suivi le mouvement.

Les fondations de Venise durent, il est vrai, depuis des siècles ; mais cependant, certains des monuments de cette ville, et non des moins importants, menacent ruine, et il est à peine utile de rappeler la chute retentissante du Campanile.

L'expérience montre donc, en premier lieu, que les pilots constituant les fondations proprement dites doivent être arasés à un niveau tel qu'ils n'émergent jamais hors de

Fig. 90

l'eau ; s'il existe, au-dessus de ce niveau des parties en bois, elles sont éminemment sujettes à une destruction rapide et ne doivent pas faire corps avec la fondation noyée, de manière à pouvoir être remplacées aisément.

Fig. 91. — Pointes en fer et acier pour pilotis en bois.

Ce n'est pas à dire que les parties noyées échappent à toute cause de destruction. Les parties directement en contact avec l'eau de mer ne sont pas à l'abri des *tarets*. Celles mêmes qui sont entièrement noyées dans le sol humide perdent peu à peu de leur résistance et il est tels exemples de pilots anciens que l'on a trouvés réduits, comme résistance, à une âme de diamètre infime.

L'enfoncement se fait au moyen d'une *sonnette*, c'est-à-dire d'un appareil mobile en charpente, permettant d'élever à une certaine hauteur un *mouton*,

Fig. 92. — Sonnette.   Fig. 93. — Pilotis.

ou masse pesante en fonte, qui retombe de tout son poids sur la tête du pilot. L'action du mouton est mesurée par le produit de sa masse par la hauteur de chute. On a donc tout intérêt à augmenter l'une et l'autre (1).

On prend, généralement, comme terme de comparaison, l'ancienne sonnette à tiraudes, dont le mouton

(1) L'ancienne *sonnette* à tiraudes élève un mouton de 400 kilos à la hauteur maxima de 1 m. 50 ; avec les sonnettes à treuil et à déclic on emploie un mouton pesant de 500 à 900 kilos. Mais quand il s'agit de battre un nombre considérable de pilots, il y a intérêt à employer une sonnette à vapeur soit du type à déclic, soit du type Lacour ou Figée dans lesquels la vapeur agit directement sur un piston placé à l'intérieur du mouton. Une sonnette Lacour peut donner 50 coups par minute quand elle est commandée à la main et jusqu'à

pèse 400 kilogs au maximum avec 1 mètre de chute.

On appelle *refus*, la quantité dont un pilot s'enfonce sous l'action d'une *volée* de 30 coups de mouton. Ce refus est variable et n'est jamais nul, si ce n'est le cas où le pilot rencontre le roc.

Le *refus absolu* est celui qui est jugé suffisant pour la résistance dont on a besoin, et auquel on arrête l'opération.

Le *refus relatif* n'est dû qu'au frottement latéral. C'est celui que l'on obtient en terrain indéfiniment compressible.

On considère généralement un pilot comme parvenu au refus absolu quand il ne s'enfonce plus que de 0 m. 005 à 0 m. 010 sous une volée de 30 coups d'une sonnette à tiraudes, ou sous une volée de 10 coups d'une sonnette à déclic dont le mouton pèse 600 kilogs et tombe de 3 m. 60.

Etant donné le refus d'un pilot, la charge qu'on peut lui faire supporter se calcule suivant la formule hollandaise :

$$R = \frac{PH}{6e} + \frac{P}{P + p}$$

où : P représente le poids du mouton ; *p* le poids du pilot ; H la hauteur de chute du mouton ; *e* le refus, et R la résistance.

Le seul frottement latéral permet d'ailleurs au pieu

100 coups par minute quand la commande de l'admission de vapeur se fait automatiquement.

Dans le battage des pilotis, il y a avantage à augmenter le poids du mouton plutôt que la hauteur de chute, on évite ainsi les vibrations qui détériorent la tête du pilot.

Quand l'enfoncement total est près d'être atteint, si l'on désire ménager la tête du pilot, on interpose entre lui et le mouton un faux pieu en bois dur consolidé par deux frettes en fer.

Généralement on calcule les pilots d'assez grande longueur pour que la tête soit à couper de façon que la partie ainsi récépée reste bien saine pour supporter les fondations.

de supporter une charge considérable. Pour un refus relatif de 2 à 3 centimètres, la résistance peut atteindre 600 à 800 kilogs par mètre carré de surface latérale frottante.

Disons enfin qu'un seul pieu des dimensions habituelles porte de 15 à 25.000 kilogs. Encore faut-il compter sans les circonstances fortuites, la rencontre d'un bloc de roche isolé, ou un accident comme le désabotage ou la rupture de la pointe, qui peuvent faire croire que l'on a atteint le refus cherché, alors que le pieu est dans un état de résistance fort instable, qui peut être rompu par une charge inopinée, plus considérable que celle du battage.

On voit combien le résultat final est précaire et incertain.

On cherche à y remédier en solidarisant tous les pilots au moyen d'un grillage en charpente qui réunit leurs têtes, ou en noyant celles-ci dans une table de béton.

Le prix de revient du pilotis doit comprendre un certain nombre de frais accessoires et, notamment dans les terrains marécageux ou sous l'eau, les dépenses de recépage et ceux du grillage en charpente que nous venons de mentionner.

Le prix de revient est évidemment très variable, suivant la région et les circonstances locales, suivant aussi la facilité plus ou moins grande d'approvisionnement des bois dont les dimensions sont presque toujours exceptionnelles.

Voici un aperçu des prix de base :

Pilots de sapin en grume, le stère ..	60 à 80 fr.
— chêne en grume, environ .	100 fr.
Sabotage et frettage, l'un	6 à 10 fr.
Mise en fiche et battage du 1er mèt.	6 à 10 —
Battage des mètres en complément par mètre	1 à 5 —

Application à un pilot de 0 m. 25 de diamètre et de 8 mètres de longueur en chêne, battu à Paris :

Cube : 0 mc. 500 à 80 fr.	40
Sabotage et frettage	7 50
Mise en fiche, battage du 1er mètre........	10 fr.
Battage de 7 m. complément, à 5 fr.	35 —
Recépage par pilot...................	1 —
Massif ou gril, en moyenne par pieu.....	14 —
Total	97 50

Ce prix s'abaisserait évidemment au voisinage des ports du Nord, par exemple, où les bois de Norvège parviennent aisément.

Il y a lieu également de tenir compte des progrès réalisés dans l'outillage et notamment dans l'emploi des sonnettes à vapeur qui permettent de battre avec des moutons beaucoup plus puissants.

Le mouton d'une sonnette à vapeur pèse 1.500 kilogs et tombe d'une hauteur de 1 m. 50 à 2 mètres, à raison de 80 à 100 coups par minute.

Le travail pour un coup est donné par la formule :

$$T = \frac{PH}{1 + \frac{p}{P}}$$

On voit que, pour un même effort PH, le travail produit est d'autant plus considérable que le rapport $\frac{p}{P}$ est plus faible, c'est-à-dire que le poids P du mouton est plus grand par rapport au poids p du pilot. On a donc tout intérêt à augmenter le poids du mouton, même en réduisant la hauteur de chute H.

D'autre part, il y a une limite qu'on ne saurait dépasser : c'est celle de la résistance du bois lui-même, dont les bonnes qualités sont de plus en plus rares, qui s'écraserait sous des chocs trop violents ; et, à cet égard, on peut dire, dès à présent, que les pilots en béton armé échappent à ce reproche, comme nous le verrons tout à l'heure.

f) Pieux en béton armé. — Les inconvénients que nous venons de signaler ci-dessus, à propos des pilotis en bois, sont évités par l'emploi de pieux en béton armé qui sont, par leur nature même, indestructibles.

Le béton, à lui seul, sous une section relativement faible, n'aurait pas une résistance comparable à celle d'un pieux de bois de même équarrissage. On sait, en effet, que la charge de sécurité est respectivement, par centimètre carré, de 40 à 45 kilogs pour le bois, et de 25 kilogs seulement pour le béton. Mais il convient d'ajouter à la résistance du béton, celle de l'armature qui est enrobée dans le béton armé ; cette résistance est de 10 kilogs par millimètre carré pour le fer ; elle atteint 12 kilogs par millimètre carré d'acier et même au-delà lorsqu'on aborde les aciers durs.

On a ainsi le moyen de faire varier la résistance totale du pieu, en faisant varier convenablement le pourcentage du métal, c'est-à-dire le rapport de la section totale du fer ou de l'acier à la section du béton.

C'est ainsi qu'un pieu en béton armé de 30 × 30 centimètres, armé de 4 barres longitudinales d'acier de 22 millimètres équivaut à un pieu en bois de même équarrissage.

Au point de vue du prix, on peut estimer que le pieu en béton armé coûtera 20 0/0 moins cher que le pieu en bois.

Le pieu en béton armé résiste mieux que le pieu en bois aux effets dynamiques, ce qui permet de le battre avec des moutons pesant 4 à 5.000 kilogs et d'obtenir ainsi un refus beaucoup plus complet, et,

par suite, une sécurité plus grande, tandis que le pieu
en bois serait fendu et écrasé bien avant cette limite.

Sous des chocs aussi formidables, il n'y a pas à
craindre d'écraser le béton armé. « Dans le battage des
pieux en béton armé, écrit M. Christophe, les chocs
du mouton ne désagrègent qu'une partie du béton à la
tête de la pièce. Le corps même du pieu ne souffre pas
de cette épreuve, assurément l'une des plus sérieuses
que l'on puisse faire. »

Cette détérioration même de la tête du pieu peut
être évitée par l'emploi de dispositifs spéciaux et
surtout du casque avec matelas élastique employé
par M. Hennebique qui a fait de si nombreuses et de
si heureuses applications de ce procédé nouveau
de fondation.

Dès 1897, ce constructeur établissait, d'après sa
méthode, un mur avec estacade, à Chantenay-sur-
Loire.

En 1898, il construisait 125 mètres de quai à
Southampton, pour la Compagnie du London and
South Western Railway, où le masque est formé de
pieux de 40 × 40, ayant 15 mètres de long, et de
palplanches également en béton armé, battues dans
les intervalles d'environ 1 m. 80 qui séparent les
pieux.

Tandis que les pieux en bois, pour éviter la pour-
riture, doivent être recépés en dessous du niveau des
plus basses eaux, les pieux en béton armé peuvent se
prolonger à l'air libre, et l'on utilise cette faculté
pour la constitution très pratique et très simple de
supports d'estacade ou de warfs, comme l'estacade de
Woolston (Southampton), construite également par
M. Hennebique, en offre un exemple.

Enfin, en généralisant l'emploi des pieux et des
plaplanches en béton armé, pour tous les cas où, jus-

qu'ici, on avait employé des pieux et palplanches en
bois, il devient possible d'établir dans des conditions
d'exceptionnelles solidité et durée, des enceintes, des
caissons fixes ; de même le béton armé se prête à la
construction de caissons flottants destinés à être
remplis de béton pour la constitution des gros blocs
de 5 à 6.000 tonnes dont l'emploi tend à se généraliser
pour l'établissement des digues à la mer.

Fondations par compression mécanique du sol

g) *Fondations par compression du sol.* — Après
l'examen qui précède des nombreux procédés de fondation, dont la plupart sont en quelque sorte clas-
siques, nous allons aborder une méthode plus récente
et dont les résultats cependant, acquis dans des applications déjà nombreuses, permettent de prévoir
un développement de plus en plus rapide : nous vou-
lons parler du mode de fondations par compression du
sol par les procédés Dulac, dits système « Compressol ».

La nouveauté relative de la méthode, le très vaste
champ qui est ouvert à ses applications, nous auto-
risent à entrer dans quelques détails à son sujet.

On sait déjà qu'on a tenté bien des fois de consolider
un sol inconsistant et de lui donner une résistance
locale suffisante pour y asseoir une construction, en le
lardant, pour ainsi dire, de pieux en bois très rapprochés qui compriment latéralement le terrain.

On a parfois soumis ce procédé à quelques variantes,
en retirant le pieu de bois et en remplissant le trou
ainsi percé au moyen de sable mouillé ou de béton.
Le sol se trouve ainsi consolidé par compression, au
moyen de ce très grand nombre de pieux de bois, de
sable ou de béton, dont on pourrait dire qu'il arment

le terrain (1). Les procédés mécaniques compriment le sol latéralement et en profondeur, ils agissent d'une façon plus complète et plus efficace ; ils constituent dans un terrain, quelle que soit sa composition, des points d'appui reposant, par une large base, sur le bon sol naturel ou sur un sol rendu mécaniquement bon, auquel on a donné un coefficient de sécurité qu'on s'est imposé par avance.

Il ne reste plus, sur ces points d'appui immuables, qu'à fixer des poutres, semelles ou radiers en béton armé, le tout rendu solidaire, rigide, indéformable et capable de porter, avec une sécurité calculée et éprouvée, les charges les plus considérables qu'on puisse imaginer dans la construction. On peut ainsi employer pour d'importants ouvrages des terrains compressibles réputés jusqu'à présent inutilisables.

Description des appareils. — Les principaux appareils qui servent pour l'application du procédé, sont :

1° Une machine multiple mécanique pivotante sur chariot de 17 mètres de hauteur, actionnée par un treuil à vapeur ;

2° Trois pilons de forme et de poids différents :

Un pilon, dit perforateur, de forme conique, de 0 m. 85 de diamètre à la base et du poids de 2.200 ki-

(1) Le pieu en bois dur a environ 2 mètres de long et 0 m. 20 à 0 m. 25 de diamètre en haut ; il est légèrement conique, pointu à la base et armé de fer. La tête est frettée et percée d'un trou dans lequel on passe une longue barre de fer qui permet de faire tourner le pieu dans le sol et de l'y remuer pendant le battage de façon à élargir le trou et à faciliter l'extraction du pieu qui se fait au moyen d'une chèvre dont le cordage s'attache autour de la barre de fer ci-dessus. Quand le trou est ainsi fait, on le remplit de cailloux mêlés de béton de ciment à peine humecté d'eau et on pilonne au fur et à mesure.

Quand le bois est bon marché, on se borne à enfoncer les pieux que l'on abandonne dans le sol.

R. C.

logs. Il tombe en chute libre la pointe en bas, d'une hauteur qui peut atteindre jusqu'à 10 mètres.

Un pilon bourreur en fonte, de forme ogivale, de 0 m. 75 de diamètre à la base et du poids de 2.000 ki-

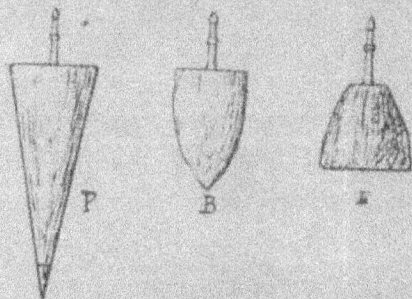

Fig. 94.
P. Perforateur.
B. Bourreur.
E. Pilon d'épreuve.

logs ; il tombe également en chute libre, la pointe en bas.

Enfin un pilon d'épreuve, en fonte, du poids de 1.500 kilogs et de forme tronconique. Il a 0 m. 80 de diamètre à la grande base et tombe, en chute libre, comme les précédents ; mais à l'inverse de ceux-ci, il est suspendu par la pointe.

3º Un déclic automatique, système «Compressol », soutenu par une chaîne mouflée.

Fonctionnement des appareils. — Les trois pilons sont munis d'une tige qui se termine par une tête en forme de toupie. Le déclic prend la tête de la tige d'un pilon ; la machine est mise en mouvement ; la chaîne s'enroule autour du tambour du treuil ; le déclic monte, entraînant le pilon qu'il enserre d'autant plus énergiquement qu'il est plus lourd.

Au moment où la partie supérieure du déclic
s'engage dans un anneau en forme de double enton-
noir, placé en un point des jumelles de la sonnette et

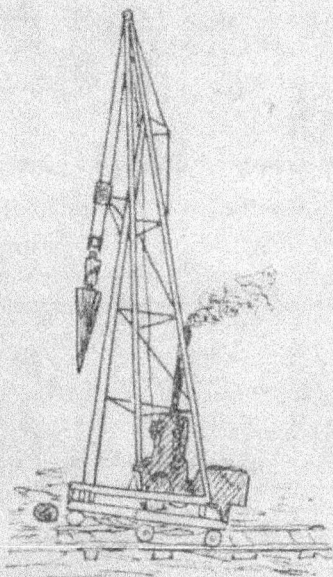

Fig. 95. — Machine à déclic automatique « Compressol ».

dont on fait varier la hauteur à volonté, la partie inférieure de ce déclic s'ouvre et laisse échapper le pilon
qui tombe en chute libre.

Par son propre poids, le déclic redescend vers le
pilon tombé et le reprend seul, à toute profondeur,
prêt à le remonter.

La hauteur de chute au-dessus du sol est ordinairement de 8 à 10 mètres.

Emploi de la méthode. — *Battage superficiel.* — S'il
s'agit de consolider un terrain de remblai que l'on
destine à supporter une construction de faible poids,

on se contente de faire un battage superficiel, en opérant de la façon suivante :

La fouille des murs étant faite, on la pilonne, de mètre en mètre, par exemple, en employant le pilon ogival dit bourreur, pour faire un trou de 1 mètre à 1 m. 50 ; on remplit ce trou, jusqu'au 1/3 environ, de matériaux durs quelconques, que les coups de pilon suivants enfoncent dans le sol.

De nouvelles charges, de nouveaux coups de pilon, et l'on arrive ainsi, très rapidement, à donner au sol la résistance voulue. On termine par 2 ou 3 coups du pilon plat, qu'on laisse sur le point battu, pendant que l'on procède au bourrage du point suivant, avec le premier pilon. On comprend aisément que l'on fait ainsi, en quelques instants, par compression du sol, ce que le temps met des siècles à faire. L'on comprend aussi que, par l'observation de l'enfoncement comparé au nombre des coups de pilon, on peut arriver à donner partout une résistance uniforme ; ce qui, même dans les terrains vierges, présente une incontestable condition de sécurité pour la stabilité des constructions.

Mais, si l'on se trouve en terrain aquifère, susceptible d'être parcouru par des veines d'eau souterraines, cette première manière est insuffisante ; il faut alors s'appuyer sur les couches solides et avoir recours à la fondation *sur puits*.

Fondations sur puits — Pylônes. — La *perforation* du puits se fait par le pilon conique de 2.200 kilogrammes. Nous avons ainsi fait des puits de 15 mètres. Une cavité ménagée dans la pointe d'acier du pilon monte, à chaque coup, un échantillon du terrain traversé. La perforation doit être lente, de manière à ce que les molécules comprimées, chassées latéralement, se puissent bien caser. Les parois ainsi durcies deviennent résistantes aux poussées extérieures, comme le montre la figure ci-dessous.

Lorsqu'on opère dans des terrains sujets à éboulements, ou dans des terrains immergés ou suscep-

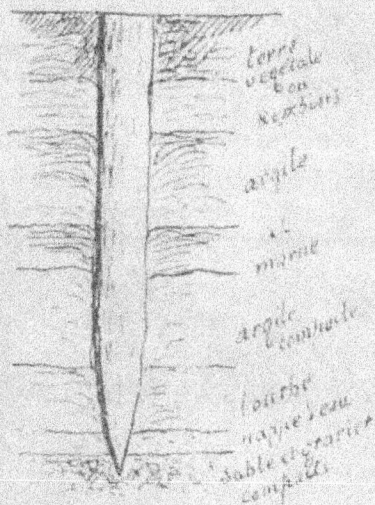

terre
végétale
ou
remblais

argile

marne

argile
compacte

couche
nappe d'eau
sable et gravier
compacts

Fig. 96.

tibles d'être, à certains moments, parcourus par des veines d'eau et que l'une de ces dernières vienne à se faire jour au travers des parois du puits, on arrive à obtenir l'étanchéité en opérant comme suit : On remplit le trou avec de la terre argileuse ou de la terre glaise jusqu'au-dessus de la voie ou de la nappe d'eau, et l'on recommence le travail du pilon perforateur, en ayant soin, après chaque coup ou après une série de coups, suivant les cas, de jeter d'autre terre dans la cavité. On arrive ainsi, en un temps relativement très court, à constituer contre les parois primitives du puits, refoulées, un véritable tube plastique et résistant qui maintient les parties ébouleuses du terrain en s'opposant à l'arrivée de l'eau.

On comprend aisément qu'il faut et qu'on peut faire varier l'épaisseur du tube et sa résistance, selon qu'on a à s'opposer à des pressions extérieures plus ou moins considérables.

Dans les terrrains submergés, comme par exemple pour la fondation d'une pile de pont en rivière, on crée entre palplanches un îlot artificiel sur lequel on installe la machine et au travers duquel on fait la perforation et le bourrage des points d'appui ou pylônes.

De même on peut, en certains cas, remplacer le tubage en terre argileuse, par un asséchage continu en béton à sec, comprimé par le perforateur.

Bourrage. — Quand le puits a atteint la profondeur voulue, on commence à le combler. On jette d'abord au fond des matériaux de fortes dimensions, en général de grosses pierres, que l'on chasse latéralement, au moyen du pilon ogival ; on met plusieurs fois de ces gros matériaux, et, par un pilonnage très énergique, on obtient à la place de la pointe qui terminait le puits perforé, un épanouissement relativement considérable, surtout si le terrain est très compressible. Quand cette première assise est ainsi bien établie, on continue le bourrage simplement avec des matériaux durs quelconques arrosés de chaux, si l'on a besoin de peu de résistance ; et l'on va jusqu'au béton de cailloux et ciment, si la résistance doit être plus grande. Dans tous les cas, les matériaux, mis par couches de 40 à 50 centimètres, sont énergiquement comprimés par une volée de 2, 3, 4 coups de pilon, suivant la résistance que l'on veut obtenir. Avec ces procédés, il n'est pas

nécessaire d'aller jusqu'au bon sol, et voici pourquoi :

Grâce à l'épanouissement obtenu par le bourrage
énergique des gros matériaux, qui forment la base
des pylônes de fondation, base qui repose elle-
même sur un fonds comprimé, la résistance à l'enfoncement devient considérable (fig. 97).

A cette résistance, vient s'ajouter celle résultant
de l'adhérence du pylône aux parois, qui est très

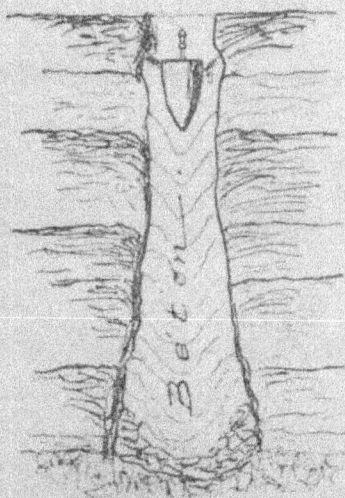

Fig. 97.

grande, étant donné le développement des surfaces
de contact de ces pylônes, qui peuvent, après bourrage, atteindre de 1 m. 10 à 1 m. 30 de diamètre, et plus,
si c'est nécessaire.

En outre, par suite de la compression latérale exer-
cée par le pilon perforateur au moment de la perforation du sol, perforation qui se fait sans aucun enlèvement de terres, le terrain se trouve comprimé très
puissamment entre chaque pylône, et présente une

résistance latérale très grande, résistance qui s'oppose non seulement à l'enfoncement, mais encore aux efforts de renversement.

Enfin, le pylône, très rugueux à sa périphérie, a pénétré violemment dans sa gaine de terre, avec laquelle il fait absolument corps, sans décollement possible.

Avec ces systèmes de fondations, tous autres travaux accessoires, tels que terrassements, étaiements, épuisements, etc., etc., sont supprimés, et de ce fait, on réalise une économie sur les procédés ordinaires.

Calcul des résistances. — La résistance du sol peut être éprouvée avant et après l'opération, au moyen du pilon n° 3, dit *pilon d'épreuve*.

Il est évident que plus le sol sera résistant, moins le pilon s'enfoncera : c'est-à-dire que l'enfoncement du pilon et la résistance du sol sont inversement proportionnels. — Or, on peut toujours, après chaque coup, mesurer l'enfoncement ; il est donc facile d'en déduire la résistance (1).

Le poids du pilon étant de 1.000 kilogrammes, par exemple, supposant la hauteur de chute de 10 mètres, on aura, à l'arrivée au point de chute, un travail développé de 10.000 kilogrammètres, c'est-à-dire 10.000 kilos s'enfonçant de 1 mètre.

Ce qui peut s'exprimer ainsi :

Pour un enfoncement de 1 m.,
    la résistance est de . . . .   10.000 kilos

---

(1) Il est évident que l'enfoncement ne doit pas être considéré pour un seul coup de pilon, mais sur la moyenne de 3 ou 4 coups, après que que les prises de contact du béton ont été obtenues par 2 ou 3 coups préalables de pilon.

Pour un enfoncement de 0,10,
   la résistance est de ....   100.000   kilos.
Pour un enfoncement de 0,01,
   la résistance est de ....   1.000.000   —

Le pilon mettant en contact avec le sol une surface de
$\frac{\pi \times 0 \text{ mq. } 80}{4} = 0$ mq. 5026, la résistance par centimètre carré
sera, dans les trois cas ci-dessous :

Pour un enfoncement de 1 m. $\frac{10.000}{5026} = 2$ kilos

Pour un enfoncement de 0,10 $\frac{100.000}{5026} = 20$ kilos

Pour un enfoncement de 0,04 $\frac{1.000.000}{5026} = 200$ kilos.

Mais dans ce calcul, il n'est pas tenu compte du
frottement des molécules, de la résistance à la compression de l'air retenu entre les molécules, ni du
travail dépensé en vibrations, etc.

Pour compenser ces pertes de force vive qu'il est
bien difficile d'évaluer, on admet, dans la pratique,
que la moitié seulement du travail est utilisée,
en sorte que la résistance est exprimée comme
suit :

Pour un enfoncement de 1 m.
   la résistance est de ....   1 kilog. par cm.
Pour un enfoncement de 0,10
   la résistance est de   10   —
Pour un enfoncement de 0,01
   la résistance est de   100   —

On voit d'après cela quel coefficient de sécurité
énorme on peut se donner pour une construction
déterminée. Les points d'appui artificiels que l'on crée
ainsi sont plus ou moins rapprochés, suivant la
charge totale qu'ils ont à supporter et ils sont dis-

posés de façon à la répartir aussi uniformément que possible ; mais en admettant qu'à ce dernier point de vue il y ait quelques écarts, le coefficient de sécurité qui s'impose dans la pratique est tel que ces écarts sont absolument sans importance.

Au-dessus des points d'appui, la maçonnerie est, en quelque sorte, indépendante de la fondation proprement dite. Cependant, dans toutes les constructions fondées par notre méthode, nous nous sommes toujours chargés de relier entre eux les points d'appui, afin de pouvoir prendre en toute connaissance de cause, la responsabilité entière de la stabilité de la construction.

Principaux avantages du procédé. — Le procédé, qui a fait grandement ses preuves, est applicable dans la plupart des cas de la construction. Il n'a pas la prétention de se substituer, *de plano*, à tous les autres systèmes de fondations employés; mais il a une large place à côté d'eux.

Il a pour principaux avantages :

1º De donner une sécurité absolue, en ramenant tous les points du terrain à un coefficient de résistance soit uniforme, soit proportionnel aux charges à supporter, et qui peut toujours être déterminé par avance ;

2º D'être simple et *économique* puisqu'il supprime les coûteuses opérations des étaiements et des blindages, des épuisements, de l'enlèvement des déblais, etc. ;

3º D'être rapide, car un puits de 8 mètres de profondeur peut être foré et bourré en 5 ou 6 heures ;

4º De supprimer, d'une manière presque complète, tout danger pour les ouvriers qui, ne travaillant jamais qu'au niveau du sol, n'ont à craindre ni les

émanations délétères des fonds de puits, ni les conséquences d'éboulements ;

5° De substituer à la main de l'homme une action
mécanique sûre, énorme, et qu'on peut toujours augmenter par le poids du pilon et la hauteur de chute ;

6° D'avoir un béton extraordinairement comprimé,
que l'eau ne peut pénétrer, et qui offre une résistance
énorme à l'écrasement, car il n'y a pas de bon béton
possible sans un pilonnage énergique, qui refoule
l'eau contenue dans les mortiers.

Nous avons constaté, au cours de nos nombreuses
expériences, que le béton que nous employons ainsi,
est toujours méthodiquement et mécaniquement comprimé, ce qui fait qu'il présente toujours la plus
grande somme de qualité, de résistance et d'étanchéité.

C'est à tort que l'on croit qu'il est souvent suffisant,
pour qu'un béton possède ces qualités, qu'il soit fait
avec un fort dosage de mortier.

Ce que doit chercher le constructeur, c'est surtout
d'avoir un malaxage et une compression aussi parfaite
que possible.

Dans le béton idéal, les graviers qui le constituent doivent se toucher par un point et le mortier
de ciment doit être en quantité suffisante, mais rien
que suffisante, pour les enrober tous, en remplissant
exactement tous les interstices, résultat que la compression mécanique et énergique décrite dans notre
guide peut seule assurer, que la fabrication et le
pilonnage à la main ne peuvent le donner que très
imparfaitement, si soignés soient-ils.

7° D'être un moyen de sondage tout naturel ne
permettant pas, étant donné l'action énergique du
pilon perforateur, qu'on soit trompé par les appa-
rences de bon sol.

Application du procédé. — Sous les murs d'une construction, sous des massifs de machines, sous une cheminée d'usine, on dispose convenablement un certain nombre de puits, appelés aussi points d'appui ou pylônes.

Ils sont ensuite reliés, en leurs sommets, soit par des poutres, soit par des radiers en béton armé. Des

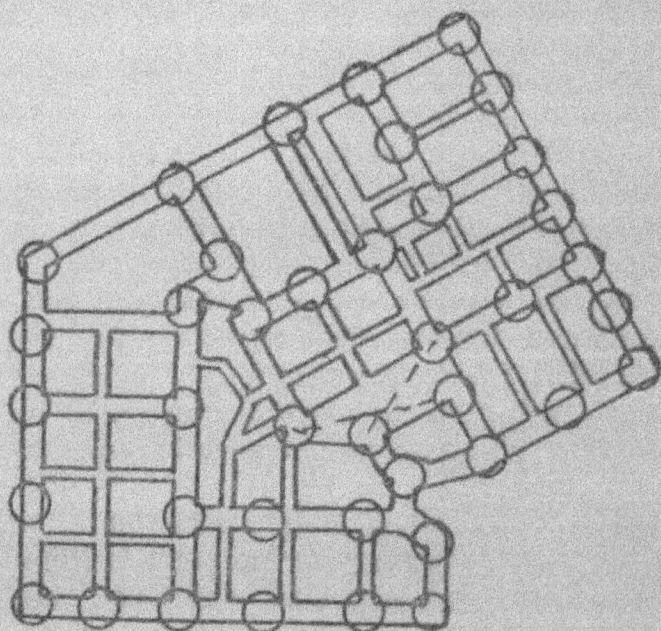

Fig. 98.

tiges de fer ou d'acier prises pendant le bourrage, dans la masse des pylônes, poutres et radiers forment un tout solidaire, rigide, indéformable, capable de porter, avec la plus entière sécurité, les charges prévues (fig. 98).

On peut donc considérer ce procédé de fondation comme réalisant un progrès très important en

assurant aux constructeurs plus de sécurité et
plus d'économie que par l'emploi des méthodes
courantes.

Mais si son emploi est avantageux pour la construction du bâtiment, il est particulièrement à
recommander pour l'exécution des fondations des
ouvrages d'art dans les travaux publics, où l'obliga-
tion de pratiquer des fouilles ouvertes de dimensions
importantes, de procéder à des blindages et à des
épuisements coûteux, lui assure, à tous points de
de vue, des avantages économiques très sérieux. Il
présente de plus, nous l'avons dit, celui non moins
appréciable de supprimer dans une large mesure les
chances d'accidents corporels qu'entraîne parfois
l'exécution de travaux de cette nature par les moyens
ordinaires.

*Exemple de fondation sur pylônes « Compressol ».
Pavillon du Creusot* (Exposition de Paris 1900). —
Il a été construit sur le quai d'Orsay à 6 mètres à
peine du quai. La perforation des puits a montré
qu'en cet endroit le sous-sol était traversé par une
véritable rivière souterraine, à courant très rapide,
qui vient se jeter dans la Seine par une infinité de
petits canaux en traversant les couches d'apport qui
recouvrent le gravier.

Il résulte de renseignements recueillis à ce sujet,
que l'emplacement affecté au pavillon était juste au-
dessus du confluent de l'ancien bras de la Seine qui
limitait jadis l'île des Cygnes.

La fondation, épousant la forme du contour extérieur de la coupole, présentait la disposition indiquée
sur la fig. 99. Dans la partie ABCD, on a disposé
3 rangées de puits, en quinconce, espacés de 1 m. 20
et 1 m. 50 d'axe en axe. La partie circulaire, de 5 m. 40

de largeur, comportait également 3 rangées de puits répartis comme il est figuré ; leur espacement variait de 2 m. 20 à 5 m. 50. Dans cette région, la fondation avait à supporter une charge de 9 kilogs par centimètre carré ; dans la partie droite ABCD, la charge devait

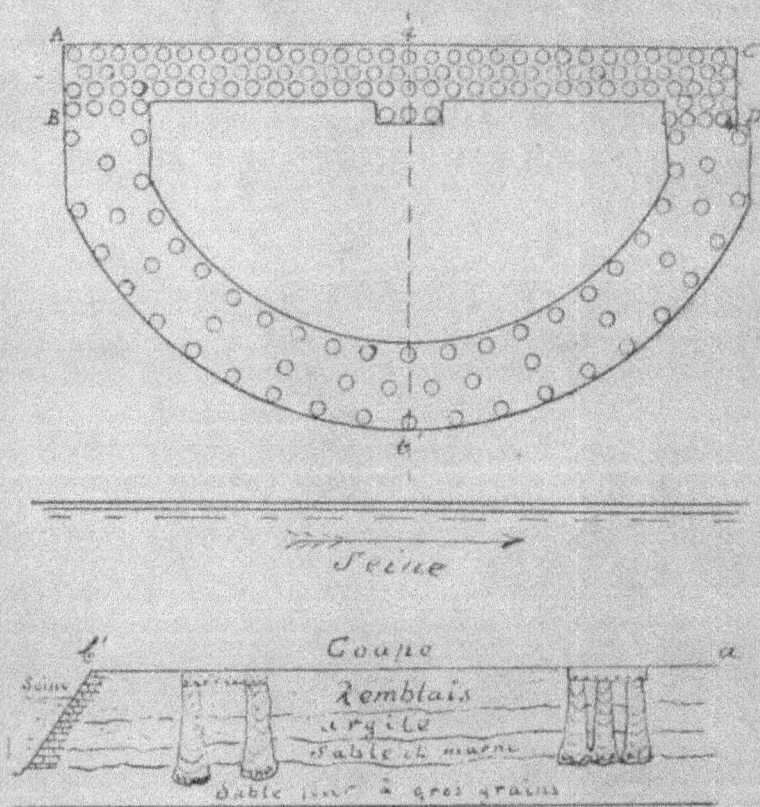

Fig. 99.

atteindre jusqu'à 16 kilogs, et c'est ce qui explique le très grand rapprochement des pylônes. La profondeur moyenne a été de 7 m. 50. La coupe indique la nature des terrains traversés. On s'est arrêté à la couche de sable pur à gros grains à 5 mètres environ au-dessous du niveau de la Seine. Les puits les plus rapprochés du bord de l'eau ont exigé un soin tout particulier ; ils ont demandé 2 à 3 heures de perforation et de 7 à 10 heures de bourrage ; quelques-uns ont absorbé jusqu'à 9 mètres cubes 700 de béton.

Tous les puits ont été armés de fer de 4 tiges verticales de 20 millimètres de diamètre, et la surface de la zone occupée par les puits, sur tout le périmètre de la fondation, a été recouverte d'un radier en béton armé de 0 m. 90 de hauteur, dans lequel ont été noyées les armatures verticales des pylônes ; ces armatures ont été, en outre, rattachées à celles du radier.

Fondations sous l'eau. — On peut diviser ces travaux en deux catégories : 1º Fondations à l'air libre ; 2º fondations à l'air comprimé.

1º Les fondations à l'air libre sont possibles toutes les fois que la profondeur de l'eau ne dépasse pas quatre mètres ; elles s'opèrent en établissant un barrage polygonal fermé autour de l'endroit où l'on veut fonder ; avec de puissantes pompes, on épuise l'eau contenue dans l'espace ainsi enfermé et on y maintient l'assèchement tant que les ouvriers y travaillent. Quand il s'agit de hauteurs d'eau de 0 mètre à 0 m. 80, on se contente d'établir un barrage en terre argileuse que l'on maintient avec des piquets de bois enfoncés dans le sous-sol. Pour de plus grandes profondeurs, on établit des bâtardeaux. Le bâtardeau se construit à une, deux ou trois rangées de pilotis, selon la hauteur d'eau à maintenir et selon le courant de cette eau.

On enfonce dans le lit du fleuve une série de pieux ou pilotis assez longs pour que leur tête émerge hors de l'eau et à environ 1 m. 50 à 2 mètres les uns des autres, de façon à entourer l'endroit à assécher. Si la

hauteur d'eau ne dépasse pas 1 m. 50 une seule rangée
de pilotis suffit ; on les réunit par des madriers hors
de l'eau que l'on garnit de palplanches verticales

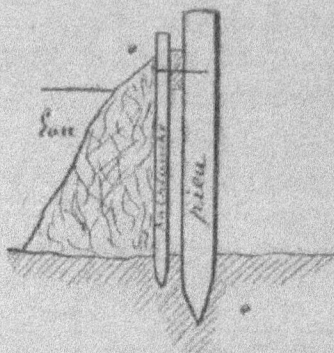

Fig. 100. — Bâtardeau simple.

jointives enfoncées dans le lit du fleuve et on accu-
mule de la terre argileuse du côté de l'eau, de façon
à former un barrage étanche.

Pour les hauteurs jusqu'à 2 m. 50, on fait un

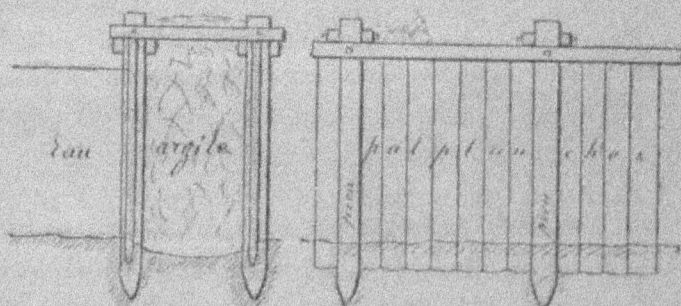

Fig. 101. — Bâtardeau à deux rangs de pilotis.

double rang de pilotis reliés par des madriers que
l'on garnit de palplanches verticales ou panneaux
jointifs entre lesquels la terre argileuse est versée
et pilonnée le mieux possible. Enfin pour les hauteurs

d'eau supérieures à 2 m. 50 on fait une triple rangée
de pieux comportant entre eux un double barrage en
terre argileuse.

Pour consolider les pieux ou pilotis de bâtardeaux,
on les réunit entre eux transversalement par des
traverses ou des tirants en corde ou en chaines de
fer. La largeur d'un bâtardeau est d'un mètre environ
entre deux rangées de pieux.

M. Dolmas indique le moyen de faire des bâtardeaux démontables avec des piquets en fer de 2 centimètres de diamètre réunis entre eux à leur tête par
des fils de fer et garnis de grands panneaux en planches jointives préparés à l'avance entre lesquels on
tasse de la terre ; il conseille de détourner le courant
de l'eau par un enrochement fait en amont du bâtardeau léger ainsi obtenu.

Les pieux en bois sont enfoncés avec un mouton ou
sonnette à bras ou à vapeur et arrachés quand le
travail est terminé, il peuvent généralement resservir
plusieurs fois.

Lorsqu'il s'agit de faire un grand nombre de piles
on emploie un caisson ouvert à l'air libre : cet appareil
est formé d'une grande caisse en tôle épaisse de 5 à
10 millimètres, armée convenablement de fers pro-
filés pour qu'elle puisse résister à la pression de
l'eau. Au moyen d'une grue puissante, on descend
cette caisse au fond de l'eau où elle constitue immédiatement un bâtardeau que l'on peut assécher.
Quand la pile de maçonnerie est montée, on relève
ce caisson avec la grue en le passant au-dessus de
l'ouvrage fait et on l'immerge tel quel à une nouvelle
place.

Un autre procédé consiste à immerger un cylindre
en tôle assez mince que l'on enfonce verticalement
dans le sable formant le fond du fleuve ; on assèche

l'eau, on drague les terres mouvantes du fond jusqu'au sol résistant et on remplit le cylindre en tôle
avec du béton et des pierres qui forment une pile très
solide maintenue par une enveloppe de tôle.

2° Les fondations à l'air comprimé sont employées
dans les travaux en eau profonde et dans les terrains
noyés d'infiltrations. Les merveilleux travaux de fonçage des caissons du Chemin de fer Métropolitain
de Paris sous les deux bras de la Seine et dans les
terrains boulants et immergés de la Cité et de la place
Saint-Michel ont été entièrement exécutés avec l'air
comprimé. Le procédé comporte une *chambre de
travail* en forte tôle d'acier *c* dont les bords inférieurs
bb sont taillés en biseau pour former trépan et pénétrer dans le fond du fleuve ; au-dessus sont une ou
plusieurs *cheminées m* surmontées chacune d'un *sas
à air* qui sert à l'entrée des ouvriers et des matériaux. (Voir figures 88 et 89, pages 111 et 112).

L'air est comprimé par une machine à vapeur
installée sur un bateau ou à terre, et sa pression est
telle dans la chambre de travail qu'elle fait équilibre
à la pression extérieure de l'eau.

On a pu par ce procédé effectuer des fondations
à plus de 50 mètres au-dessous du niveau de l'eau.

Les précautions les plus minutieuses sont à observer à l'entrée et à la sortie des ouvriers qui doivent
séjourner assez longtemps dans les sas à air pour
s'habituer à la pression anormale de l'air. L'éclairage
doit se faire entièrement par l'électricité dans les
chambres de travail.

Pour élever des piles de ponts sous l'eau ou en
terrain aquifère, on fait des *fondations tubulaires* en
immergeant des tubes en fonte ou en tôle de fer d'é-
paisseur convenable que l'on ferme par en haut en
dessus du niveau de l'eau en ménageant un *sas à air,*

puis on y comprime l'air qui chasse l'eau et permet
aux ouvriers de descendre dans le fond et d'enlever les
terres meubles jusqu'au sol résistant. On coule alors
au fond du tube une épaisse couche de ciment prompt
qui empêche la rentrée de l'eau : il est alors possible
d'ouvrir la partie supérieure et de remplir le tube
de béton fortement comprimé. Ce procédé a surtout
été employé pour les fondations des ponts.

Signalons pour mémoire l'ancien procédé de fondation sur caisson : on nivelle d'abord le fond du
fleuve et on le consolide par des pieux, puis on immerge un caisson en bois sur lequel on construit la
maçonnerie. Le poids des pierres fait enfoncer peu
à peu le caisson qui va reposer sur le sol préparé à
l'avance.

Dans toute fondation sous l'eau, il est nécessaire
de draguer le sol à l'endroit où l'on veut construire,
de façon à enlever la vase et la terre molle pour atteindre le fond de sable et gravier ou rocheux.

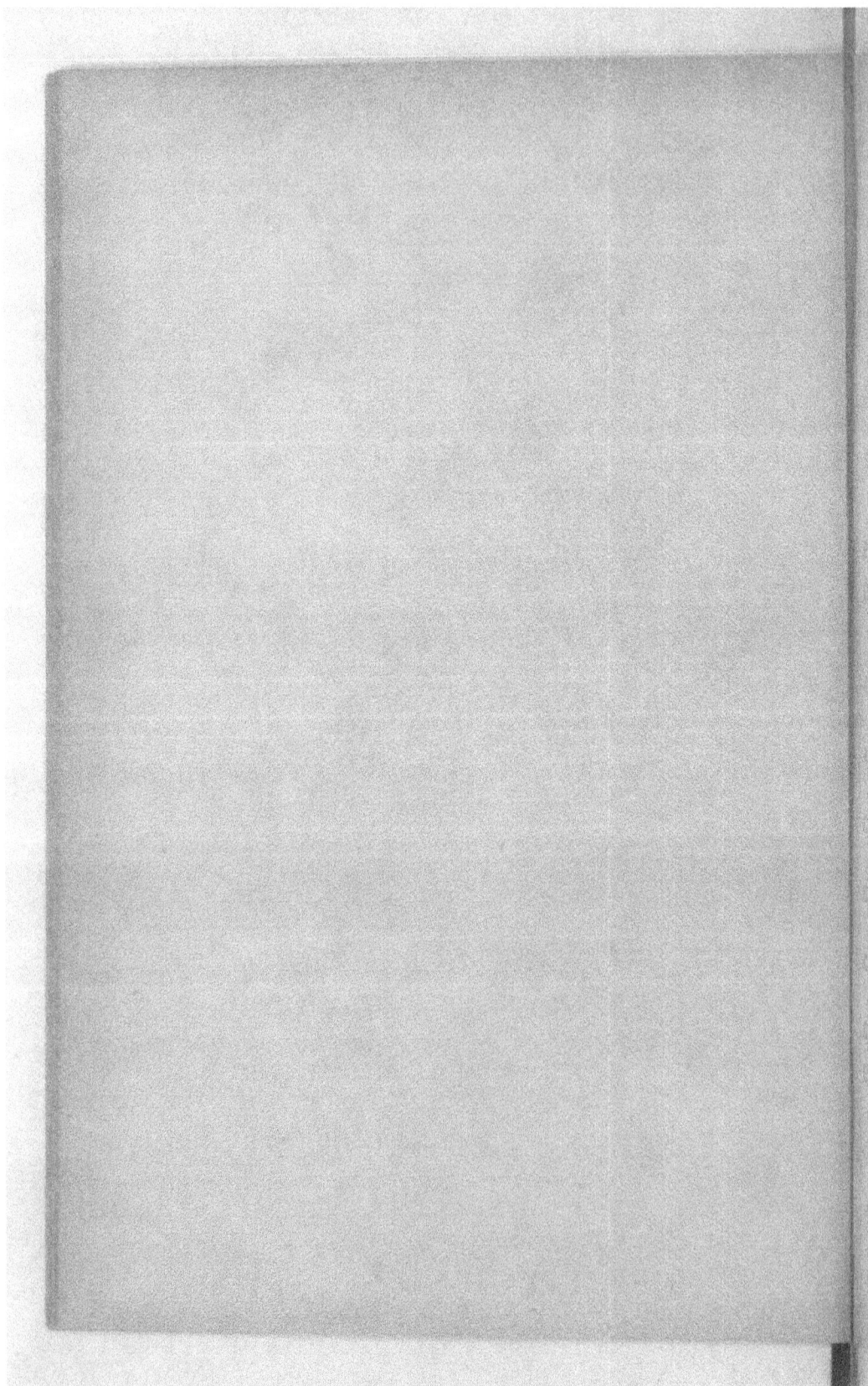

TABLE DES MATIÈRES

Orléans, Imp. H. Tessier

NOUVELLE ENCYCLOPÉDIE PRATIQUE
DU BATIMENT ET DE L'HABITATION

PUBLIÉE PAR

René CHAMPLY

INGÉNIEUR

avec le concours d'Architectes et d'Ingénieurs spécialistes

Cette Encyclopédie comprendra 15 volumes
avec nombreuses figures.

Nomenclature des ouvrages de la collection :

1er volume : Choix des terrains. — Arpentage. — Nivellement. — Terrassements. — Sondages. — Fondations.

2e volume : Maçonnerie. — Pierre. — Brique. — Pierres artificielles. — Mortiers. — Pisé et torchis.

3e volume : Travaux en ciment et béton armé.

4e volume : Charpentes et échafaudages en bois.

5e volume : Charpentes en fer.

6e volume : Toitures. — Pavages. — Carrelages. — Parquets et plafonds.

7e volume : Menuiserie.

8e volume : Serrurerie. — Construction des serres.

9e volume : Peinture et vitrerie. — Revêtements intérieurs et extérieurs.

10e volume : Chauffage et ventilation.

11e volume : Éclairages divers. — Électricité. — Gaz. — Acétylène. — Gaz d'essence. — Alcool et pétrole.

12e volume. — Eau et assainissement. — Fosses septiques.

13e volume : Sonneries d'appartement. — Téléphones. — Porte-voix — Paratonnerres.

14e volume : Ascenseurs et monte-charges.

15e volume : Architecture à la ville et à la campagne. — Plans de maisons et villas.

Prix de chaque volume { Broché . . . 1 fr. 50.
Relié percaline 2 fr.

Il paraîtra un volume tous les deux mois environ
à partir de Juillet 1910.

www.ingramcontent.com/pod-product-compliance
Lightning Source LLC
Chambersburg PA
CBHW071913200326
41519CB00016B/4602